张自斌 邓杰玲 黄昌艳 崔学强 等 / 著

万代兰

中国农业出版社
北 京

内容简介

　　万代兰是兰科万代兰属万代兰原种及其杂交园艺品种的统称，其精美的花朵构形、丰富艳丽的花色、整齐的叶片和裸露在空气中的优美根须，都极具观赏性，深受人们喜爱。本书集合了著者多年来在万代兰保育及创新利用领域的原创性研究成果，基于大量文献和种质资源调查与引种栽培等方面的研究，概述了万代兰的植物学、生物学特征特性和分布概况等；详细介绍了万代兰原生种的特征、分布情况，多角度赏析原生种与栽培品种80余例；系统阐述了万代兰的杂交育种、种苗快繁、栽培技术和应用等。

　　本书内容翔实、图文并茂，是国内首本系统介绍万代兰的著作。既可为科研人员、观赏园艺等相关专业大专院校师生、花卉生产者及爱好者提供参考，也可作为科普读物供普通读者赏阅。

著者名单

主　著

张自斌　邓杰玲　黄昌艳　崔学强

著　者

李佳蔚　龙蕾宇　何荆洲　谢添伟

程　瑾　黄玉红　欧春园

前　言

　　万代兰属隶属于兰科树兰亚科万代兰族指甲兰亚族。万代兰属与其近缘属间性状交叉严重，属间界限不清，一些种经常在不同属间变动，但基本认同全球有70余个原生种，分布于赤道及附近的热带和亚热带地区。万代兰属原生种通常具有花朵美丽、花期长、香气宜人等特性，是著名的观赏花卉，也是园艺科研工作者、育种者用来开展杂交育种的重要亲本资源。多年持续不断地开展自然选育、属内种间近缘杂交和跨属种间远缘杂交等育种工作，为万代兰属新增了大量性状优异的人工培育品种，既有适合作为盆花生产的，又有适合作为切花生产的，深受市场的追捧。在东南亚的新加坡和泰国，万代兰产业已经发展成为出口创汇的支柱型产业。

　　笔者及其研发团队长期从事兰科植物保育和创新利用研究，其中万代兰是受到高度关注的一个类群。在长期的科研工作中，不仅开展了万代兰种质资源调查、引种栽培及驯化，还开展了种质资源遗传多样性分析、杂交育种等相关工作，积累了丰富的研究基础和生产、应用经验。

　　种质资源调查　在查阅大量文献资料的基础上，笔者于国内开展了万代兰种质资源调查工作。国内的万代兰属物种在分布上基本符合全球分布的特点，集中在低纬度的台湾南部、海南、广东南部、广西南部、云南南部和西藏东南部区域。但新归编于万代兰属的风兰，在甘肃南部较高纬度的区域也有分布。大花万代兰是国内仅有的大花型原生种，主要分布于云南的西双版纳，植株大型，花量丰富、花朵硕大、花色蓝紫，飘逸美丽，在育种方面具有重要的价值。其余种类植株多为中小型，花朵大小也基本为中型花和小型花，花朵颜色素雅，具有令人愉悦的香气。西藏南部的墨脱，由于地理位置特殊，热量与降水量丰富，天然植被茂密，生长有大量野生兰科植物。随着近年来不断有科考队进入墨脱的林区开展科考活动，发现了大量兰科新分布种和新种，笔者就曾在墨脱的林区内开展科考时发现双色万代兰和长瓣万代兰2个中国新分布种。

引种栽培及驯化　自2016年以来，笔者紧抓广西重点研发计划项目"基于现代保育理论技术的野生兰花种质资源库营建"的契机，开展万代兰资源的引种栽培及驯化工作。迄今为止，已经引种栽培万代兰原生种37个，杂交品种126个。对引入的万代兰种（含品种）进行了5年的栽培及驯化试验，广泛调查与记录引进资源的物候、繁殖能力、长势和病虫害发生状况等，构建了适合中国南方的万代兰资源评价体系、栽培繁殖及园林应用体系，并逐步在广西南宁、广东广州、海南儋州及云南西双版纳推广，应用效果良好。

种质资源遗传多样性分析　利用iPBS分子标记分析了36种万代兰原生种的遗传多样性和亲缘关系，构建了DNA指纹图谱。试验结果表明万代兰属原生种表现出丰富的遗传多样性。万代兰属与其近缘属间性状交叉严重，属间界限不清，是一个关系较为复杂的属。笔者团队的研究支持将凤蝶兰划分为一个独立属，即凤蝶兰属，同时将原鸟舌兰属归于万代兰属。虽然新近多个研究已将风兰属近归入万代兰属，但笔者团队研究结果显示风兰属与万代兰属是姊妹属的关系。鉴于风兰、凤蝶兰在杂交育种方面的重要资源用途，且为了简化分类，笔者团队采用了广义万代兰属的概念，同时将风兰、凤蝶兰收录于本书中。

杂交育种　在中国开展万代兰育种，要充分了解国内的气候环境，重视国内资源的重要性，充分利用好国内资源。万代兰的杂交育种虽在国内起步发展较晚，但笔者团队针对万代兰开展了大量杂交育种工作。像新加坡、泰国等东南亚国家的育种目标一样，笔者团队的育种目标也是培育出花色漂亮、花型饱满、赏花期长，甚至还带香味的万代兰品种。然而不一样的是，由于纬度差异，除了考虑上述特性外，还需要考虑品种的抗寒性，因为即使是中国南方，在冬季也会有5℃以下的短时低温天气出现。中国处在万代兰属物种自然分布的最北沿，分布在中国的原生种相比分布在更低纬度的原生种在抗寒性方面更强些，尤其是风兰，其抗寒性在全属中排列首位，在抗寒性育种方面有着不可替代的地位和作用。万代兰的杂交亲和性较好，笔者针对万代兰开展属内种间近缘杂交和跨属种间远缘杂交育种工作，杂交组合数达300余对。属内种间杂交的结实率在90％以上，跨属种间远缘杂交的结实率也在30％以上。实践表明，当柱头或花粉通过一定的生物处理后再开展人工授粉工作，还可获得更高的结实率。结合胚拯救技术，笔者团队利用杂交果荚播种获得大量实生种苗，并培育出'小粉红'*Aeridovanda* 'Small Pink'、'斌果'*Papilionanda* 'Binguo'、'热吻'*Papilionanda* 'Warm Kiss'、'绿提琴'*Vanda* 'Green Violin'等优质品种。

本书是笔者的研究团队近10年来在万代兰园艺学和自然保育研究方面的研究成果。基于系统地开展国内种质资源调查、翔实的引种栽培驯化记录、丰富的杂交育种经验及国内外文献查询，本书系统地介绍了万代兰种质资源及栽培育种的相关成果。期待本书的出版能为广大科技工作者、园林工作者、生产者和爱好者提供参考与技术支撑。

在编写本书的过程中，笔者团队最大的遗憾是没能亲自去考察东南亚国家及其周围岛屿万代兰原生种的分布及其生境情况，仅能通过网络查阅到比较有限的文献资料进行简单描述和记录。本书首次以中文的形式向国内广大科技工作者、园林工作者、生产者和爱好者系统介绍万代兰，因国外分布的众多原生种没有现成的中文名，故笔者需结合拉丁名的中文意思、物种特征甚至是拉丁名谐音，为物种命中文名，力求在"信"的基础上，做到"达"而"雅"，然总觉得无法尽善尽美。由于上述因素，本书存在的不足之处，恳请广大专家和读者予以批评指正。

2024年12月

目　录

第一章

走近万代兰

兰科是被子植物中的大科，全科超过880属30 000种（Cakova Veronika et al., 2015）。通常而言，人们把具有观赏价值的兰科植物统称为兰花。兰花凭借优雅的姿态、精巧的花型、多彩的颜色、或馥郁或清幽的花香闻名于世，是全球具有重要经济价值的花卉类群。万代兰是万代兰属（*Vanda*）植物的统称，隶属于兰科，与蝴蝶兰属（*Phalaenopsis*）、指甲兰属（*Aerides*）、火焰兰属（*Renanthera*）、钻喙兰属（*Rhynchostylis*）和蜘蛛兰属（*Arachnis*）等亲缘关系较近的属共同组成了单茎类兰花，它们的茎单轴生长，无分枝。

万代兰亲缘关系较近的属

万代兰全属约73个原生种，分布于热带、亚热带地区。比起兰科的其他大属，70余个原生种的万代兰属只能算是"小家族"，然而整个万代兰类群绝对算得上兰科中的"大家族"，因为由万代兰衍生的品种是一个十分庞大的群体。育种家们利用万代兰高度的杂交亲和性，持续不断地开展自然选育、种间杂交和属间杂交等育种工作，历经多年的开发耕耘，使国际花卉市场上涌现出大量优良的万代兰品种，这些数量众多、品质优异的新成员让万代兰家族从不起眼的"小家族"一下子跻身于"大家族"行列。万代兰家族成员的株型、叶片、花序类型丰富，花朵的大小、形态、颜色、丰花程度、气味等也各有不同。

万代兰观赏价值高，凭借自身多姿的形态、丰富的品种、艳丽的花色、热烈奔放的气质、强健的长势等众多优点成为全球最受欢迎的热带兰花之一，在全球花卉市场中有巨大而旺盛的需求量。在东南亚部分国家，万代兰已成为当地重要的经济作物，万代兰产业也自然成为重要的支柱产业：泰国每年凭借万代兰盆花和切花出口收益超过8亿美元；新加坡将本国培育的品种——'卓锦'万代兰选为国花等。另外，万代兰体内富含活性化学成分物质，在药品、高级护肤品、香料等方面具有重要的开发应用价值。

■ 第一节　概　　述

一、分布与生境

万代兰家族的原生种，原产于亚洲至大洋洲赤道及附近的热带和亚热带，包括中国、新加坡、泰国、老挝、缅甸、印度、菲律宾和夏威夷等地（Gardiner et al.，2013），其中赤道及附近的东南亚地区尤其丰富，是万代兰属植物的热点分布区域。中国幅员辽阔，区域横跨多个气候带，是万代兰属物种的重要分布区之一，尤其是地处热带的台湾南部与附近岛屿、广东南部、广西南部和海南中南部，以及受印度洋暖流影响的云南南部及西藏东南部，气候温暖湿润，非常利于该属植物的生长，分布最为集中（程式军和唐振缢，1986；蒙辉武和杨云，1991；吉占和等，1999；覃海宁和刘演，2010；邓杰玲等，2020）。

二、生长习性

万代兰家族成员均为多年生附生草本植物，喜欢温暖、湿润、光照充足的环境，因此，万代兰通常生长于气候温暖、水汽充足的热带、亚热带常绿阔叶林的树干或崖壁上。温暖的气候和充足的水汽能给万代兰提供适合生长的大环境，而树干和崖壁则可以在大环境中给万代兰营造理想的小生境。在如此小生境中，不仅有较理想的光照和通风条件，还有干湿有度、不积水、适合根部生长的绝佳介质。

万代兰喜温暖忌寒冷，在人工栽培过程中，当温度大于35℃时，植株仍能生长良好；在温度24～32℃，空气湿度70%～80%，夏季遮阳30%～40%的通风透气环境下较利于植株生长和开花；温度10 ~ 15℃时，植株生长缓慢，部分物种甚至停止生长，进入休眠状态；如低温持续时间过长，植株受到胁迫，叶片会逐渐出现黑褐色坏死斑点（块），最后枯黄脱落，根及茎部也会随之变成黑褐色，进而整株死亡；受冻害但幸存的植株，在春天气温回升后恢复较为缓慢，当年无花或花期延迟；温度低于5℃时，绝大部分来自热带区域的原生种和栽培品种会发生冻害而死亡，仅少数产自亚热带区域的原生种或具备亚热带原生种血统的杂交后代可安全越冬。

三、形态特征

1.植株

万代兰属植物为单茎类附生草本，茎在生长过程中通常不分枝，叶片呈2列互生于茎的两侧。园艺学家们依据万代兰成熟植株的体量大小，将其分为小型植株（株高≤20厘米）、中型植株（20厘米＜株高≤35厘米）和大型植株（株高＞35厘米）3类。小型植株的万代兰具有体量小、花序短和植株紧凑等特点，适合作为盆花栽培观赏；中型和大型植株的万代兰通常植株高大、花梗长、花朵大，除了少量用于盆花生产外，绝大部分用于鲜切花生产。

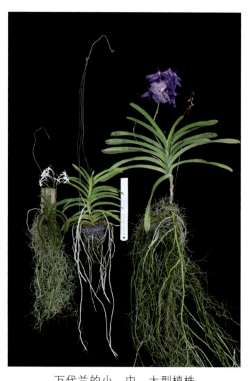

万代兰的小、中、大型植株

2.茎

兰科植物的茎是将叶片、茎尖和根部等连接起来的重要器官，水分、养分通过茎输送到植株各处。它不仅可以为植株提供支撑作用，还是一个储存器官，植株会将多余的养分和水分储藏于内，供其在胁迫的情况下使用。万代兰的茎通常为圆柱形或扁圆柱形，通直或弯曲。茎上有节，每节上着生一片叶，叶鞘基部将茎完全环抱包裹。节是万代兰保留分生能力的区域，节在叶腋基部中心区域有一个分生点，植株会根据自身生长或生殖的需要，进行分化。当植株处于旺盛生长阶段，位于茎中部及下部的分生点会分化生长出气生根，用于吸收水分、养分，以及攀缘附着；当植株在生长过程中遭遇茎折断或顶端优势被破坏时，节上的分生点则迅速分化生长出侧芽，形成新植株，替代原来的主茎继续生长；当植株进入生殖阶段，位于茎中上部分的分生点则分化生长成花序，进行开花结实，繁衍下一代。

3.叶

叶片是植株进行光合作用的主要器官，植物生长、生殖所需的有机养分绝大部分在叶片中生产制造。万代兰的叶片为绿色，部分种类（品种）的叶片表面有斑点、斑块或镶边。万代兰叶片分为扁平型、圆柱型和半圆柱型3种形态。

扁平型叶片呈压扁的带状和条状、硬纸质、革质或厚革质，次递有序地互生排列于茎的两侧，使整个植株看起来具有左右对称的美感。不同质地叶片形态有所不同，通常硬纸质的叶片由于较长难以负重，中上部分会发生扭转、弯曲朝下；革质及厚革质叶片通常较平直，部分种或品种叶片也会呈镰刀状向后弯曲，但不会出现扭曲。叶片正面通常沿中脉凹陷，根据凹陷的程度，叶片的横截面呈V形、浅V形和平展形3种形态。叶片先端呈平截或缺刻状，通常具大小不等的尖齿。

圆柱型叶片呈肉质圆柱状，而半圆柱型叶片为向轴面具一纵槽的肉质半圆柱状。此两种类型的叶片，质地坚硬，先端钝尖，常次递螺旋着生于茎节上。叶片通常不落，在遭遇冻害、病害或生长不良时，会

万代兰的基节及分生点

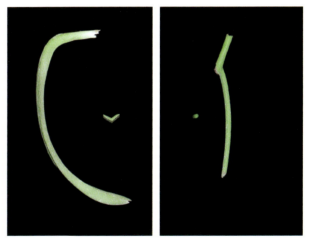

万代兰的扁平型（左图）和圆柱型（右图）叶片及其横切面

落去老叶，致使茎出现光秃状态。其圆柱型和半圆柱型叶片的原种或品种，抗旱能力相对更强。

4.根

万代兰的根系通常裸露在空气中，人们称之为气生根。万代兰的气生根肉质，分叉，呈圆线形或扁线形。根尖呈透明的水晶状，人们形象地称之为"水晶头"；接近根尖的部位，是绿色或褐红色的生长区，此处生长活动旺盛；根系在水分饱和时呈肉质，在缺水状态时呈棉线质。

万代兰的气生根功能多样。首先，稳固植株位置，植株通过强健、发达而繁多的气生根牢固地吸附于树干、石头或其他介质上。其次，吸收水分和养分。水分和养分是制约附生植物生长和繁殖的重要因素，万代兰是典型的附生类兰科植物，虽不能像陆生植物一样通过根部从土壤中吸收水分和矿物质，但它进化出了一套适合自己的应对策略。

万代兰根系生长区：绿色与褐红色的根尖

万代兰悬挂盆栽与附生在树皮上的根系生长状态

根系在缺水状态下呈细棉线状，或钻入龟裂的树皮，或缠绕于树干，或埋入浅薄的苔藓，或横长于石壁。当下雨的时候，雨水带着矿物质形成径流，流到树干上，流到石壁上，万代兰通过早已布下的根系"吸收网"，酣畅淋漓地吸收、存储水分和矿物质至饱和状态，随后将它们源源不断地输送到植物的各个器官，供植物正常地生长、开花和结实。此外，万代兰幼嫩的根系多呈绿白色，能够进行少量光合作用，为根部直接提供有机养分。

5.花朵

花朵是开花植物有性生殖的重要器官，也是观花植物最具观赏价值的器官。与其他兰花类别一样，万代兰的花朵是由中萼片、侧萼片、花瓣、唇瓣、合蕊柱、距、花梗等部分构成的一个精巧的左右对称器官。

从有性生殖角度而言，与其他兰科植物一样，万代兰的花朵是经长期进化而来的一种用于吸引传粉昆虫访问花朵并实现成功授粉目的的精巧装置，该装置的每一个"部件"都发挥着不可或缺的功能：萼片和花瓣的功能通常被认为是展现传粉昆虫喜爱的颜色，吸引它们访问花朵；合蕊柱是兰科植物的特有结构，雌蕊腔和花粉都长在上面，相互靠

万代兰的花朵构造

近；花粉块被药帽覆盖保护，花粉块具粘柄，粘柄与药帽的喙重叠。唇瓣位于合蕊柱的正下方，与合蕊柱一起形成一个通往距的相对闭合空间，传粉学家称之为传粉通道，唇瓣的颜色通常与花瓣、花萼的颜色有所区别，目的是利于传粉昆虫定位降落，提高传粉效率。距与唇瓣的基部相连接，距或长或短，通常藏有作为传粉昆虫传粉报酬的蜜类、脂类物质。合蕊柱、唇瓣和距3个"部件"在吸引传粉昆虫进行有效传粉过程中的配合绝对算得上天衣无缝：受到花朵的吸引，传粉昆虫通过唇瓣精准定位并头部朝向花朵降落其上，直接进入传粉通道，寻觅距中或有或无的食物。在此过程中，传粉昆虫会触碰到花粉块的粘柄，粘柄直接粘附在昆虫身上。

从观赏角度而言，万代兰的花朵结构精美、颜色丰富、花寿绵长，具有极高的观赏价值。不同种类万代兰花朵在形态、大小、颜色、花期、气味等方面各有区别，呈现出丰富的多样性。在形态方面，有饱满圆润的，也有细瘦飘逸的；在大小方面，有翩然硕大的，也有娇小玲珑的；在颜色方面，有红、橙、黄、绿、蓝、紫等；在花期方面，有在春末至初夏集中开放的，也有在秋季集中开放的，还有四季不定期开放的，如有90天左右超长花期的，也有20天左右短花期的；在气味方面，有幽香宜人的，也有浓香袭人的，还有完全不具有可感知气味的。

万代兰的花朵特性

未成熟果荚

成熟果荚

开裂后的果荚

万代兰授粉成功后的果荚生长状态

6. 果荚及种子

成功授粉的花朵，子房会逐渐膨大，最后变成果荚。果荚在未成熟时通常呈绿色，具有纵向的棱，棱会随着果荚的膨大、成熟而变得平缓。当果荚成熟时，外表呈黄绿色。过度成熟的果荚会沿着棱自动裂开，露出细小的絮状种子。一个正常发育的兰科植物果荚，里面含有成百上千万粒种子。果荚开裂后，轻盈的絮状种子会随风飘散到各处，甚至能够在季风携带下散播到遥远的岛屿。并在适宜的地方落地萌发生长，比如中国台湾及附近岛屿的万代兰属植物物种与菲律宾诸岛的种类就较为接近。

万代兰种子的胚仅是未分化的细胞群，不具有发芽时提供营养的胚乳，在自然状态下极难萌发。为了获得萌发及维持生长所需的能量，种子需与自然界的菌类合作。能促使兰科植物萌发的菌类被称为萌发菌，不同兰科植物物种所依赖的萌发菌种类也不尽相同。自然环境下，萌发菌并非随处可见，它们也仅在适宜的环境里生存。因此，尽管万代兰四处散播的种子数量众多，但也只有恰好停落在有萌发菌分布地方的少量种子才能够萌发，并形成植株。

■ 第二节　万代兰的历史与文化

在东南亚热带雨林中，一串串花朵像星辰般悬垂在空中。这些可以附生在木头上绽放的精灵，正是植物界独特的生存艺术家——万代兰。它们的根系如同银白色的丝绦，在空气中捕捉阳光与晨露。

万代兰的属名 Vanda，源于印度梵语 vandaka，意为"生长于树木之上的兰花"。古代，万代兰分布较多的热带地区的人们认为，万代兰悬垂且形态独特的气生根，是"连接天地的媒介"，具有神圣性；此外，人们还深信万代兰能够祛除病痛，甚至是治疗蛇伤的神药，尽管后来的医学结果证明其治疗效果不完全明显，但现如今当地的人们还保留利用万代兰作为药材的习俗。现代印度文化赋予了万代兰"万代不朽"的寓意，可能源于对植物顽强生命力的崇拜传统。

万代兰的发现与分类历史复杂而漫长。最早明确记载万代兰属物种的文献见于17世纪末 Rumphius 的遗作《安汶植物志》（1741年出版）。林奈在初版（1753年）和再版（1762年）《植物种志》中曾以树兰属（*Epidendrum*）之名描述且发表过2个物种。万代兰属由 William Jones 于1795年基于 *Epidendrum tessellatum* Roxb.［现学名为 *Vanda tessellata* (Roxb.) Hook. ex G.Don in J.C.Loudon］建立概念，但直到1820年才由 Robert Brown 正式发表。至1853年，万代兰属已包含约25个物种，John Lindley 据此重新界定了该属范围——基本沿袭 Jones 的属级概念，但进一步划分了5个组（section）的分类单元，此后该属的基本概念保持相对稳定。尽管如此，自 Lindley 的研究结果发表以来，学界对鸟舌兰属（*Ascocentrum*）、风兰属（*Neofinetia*）和克里斯汀兰属（*Christensonia*）等众多小属与万代兰属的系统位置长期存在争议。万代兰属与其近缘属间性状交叉严重，属间界限不清，是一个关系较为复杂的属。正如 Christenson 所言，万代兰属是"分类学的黑洞"。20世纪以来，陆续有新增物种被描述和发表，万代兰属的成员也在不停的增长，进一步加大该属属内和属间物种关系的复杂性。值得庆幸的是，随着科技的进步与发展，植物分类学家们可以借助分子生物学、系统发育学等相关理论与技术对该属植物不断进行系统修订和完善。如今，鸟舌兰属、风兰属和克里斯汀兰属都已经归并到万代兰属中。

人们从未停止过对万代兰的研究。19世纪末，新加坡将艾格尼丝·卓锦培育的浅紫色杂交万代兰——'卓锦'万代兰定为国花以此象征国家的坚韧、独特性和多元的文化。中国科学家在20世纪中叶开始关注热带兰花。1959年，中国科学院华南植物园首次引种万代兰，但因气候差异屡遭失败。1974年，植物学家通过模拟热带昼夜温差（日间35℃/夜间18℃），终于突破栽培瓶颈，为后续研究奠定基础。20世纪末，中国通过组织培养技术实现万代兰的规模化生产，广东、云南的兰花产业由此开启新篇章。

2003 年，哥伦比亚号航天飞机搭载的万代兰在微重力环境中完成开花。中国航天部门在 2016 年的天宫二号实验中，也选用兰花类植物种子研究太空诱变育种。中国科学家还聚焦于抗逆基因挖掘，2021 年云南团队成功解析万代兰耐旱基因簇，成果发表于期刊《自然·植物学》。

从吴哥窟的古老纹样到新加坡的垂直花园，从外国的航天飞机到中国的太空实验舱，兰科植物始终在参与人类文明的演进。这种无需土壤的生命，恰似当代社会的隐喻——在传统与现代的张力中，在科技与自然的平衡间，寻找立足之地。

第二章

万代兰原生种种质资源

本章阅读说明

艾丽西万代兰❶

Vanda aliceae Motes, L. M. Gardiner & D. L. Roberts ❷

属名　　种名　　　　　　　命名人

❀❀ ♪　❹

❸

```
        12  1
   11         2
 10             3
 9               4
   8           5
     7   6
          （月）
```

❶ 中文名。

❷ 学名，以拉丁文表示。艾丽西万代兰是兰科
万代兰属植物，属名是 *Vanda*。每个种的名
称以属名＋种名来表示。此外，种以下还可
分为变种、亚种等，变种以拉丁文缩写 var.
表示，亚种以 ssp. 来表示。

❸ 花期。主要花期为深红色，也可开花月份为
浅红色。

❹ 花朵大小以图案分为三个等级。

❀❀　＝小型

❀❀ ❀❀　＝中型

❀❀ ❀❀ ❀❀　＝大型

香气浓度以图案分为三个等级。

-　＝无香

♪　＝淡香

♫　＝浓香

艾丽西万代兰

Vanda aliceae Motes, L. M. Gardiner & D. L. Roberts

✿✿♂

生活型

多年生中型附生草本。

形态特征

茎：直立，被叶鞘所包裹，具多数二列的叶。

叶片：硬革质，带状，长约24.0厘米、宽约1.7厘米，中脉下凹呈浅V形对折，先端具2个不规则的尖齿状缺刻，基部具宿存而抱茎的鞘。

花：总状花序1～2个，长14.0～18.0厘米，不分枝，每花序疏生6～10朵花。小花梗较长，连同子房长约6.4厘米，具不明显纵条棱。花朵中型，花径约3.6厘米，花瓣及萼片为黄色，中间带有褐色斑点或斑纹。中萼片直立，卵状长圆形，长约2.4厘米、宽约1.1厘米，先端圆钝，基部收窄，边缘稍扭曲；花瓣倒卵状长圆形，长约2.1厘米、宽约1.0厘米，边缘稍扭曲；侧萼片宽卵形，长约2.0厘米、宽约1.2厘米，边缘稍扭曲；唇瓣3裂，侧裂片白色，近三角形，长约0.5厘米、宽约0.4厘米，中裂片长约1.0厘米、宽约0.4厘米，厚肉质，上端具4～5条褐色条纹，下端褐色，基部两端各具1个白色的三角形突起；距长约0.5厘米，向后方斜伸，末端收窄；合蕊柱黄绿色，基部褐色。

原产地

生于低海拔海洋岛屿的常绿阔叶林中。原产于印度尼西亚。

艾丽西万代兰

鸟舌万代兰

Vanda ampullaceum (Roxb.) Schltr.

生活型

多年生小型附生草本。

形态特征

茎：直立，粗壮，长4.0厘米以上，被叶鞘所包裹。

叶：具10片以上二列的叶，叶片呈带状，厚革质，平展，中脉稍下凹，长12.0～20.0厘米、宽约2.0厘米，先端平截，具4个不规则的短小尖齿，基部具宿存而抱茎的鞘。

花：总状花序2至多数，从叶腋抽出，直立，比叶片短，花序轴绿色，密生多数花朵；小花梗纤细，连同子房长约1.6厘米；花径约1.7厘米。萼片和花瓣近相似，宽卵形，长0.7～0.9厘米、宽0.4～0.6厘米，先端稍钝，全缘；唇瓣3裂，侧裂片极小，直立，近三角形，中裂片与距形成直角向外伸展，狭长条形，长约0.6厘米、宽约0.1厘米，先端尖并稍微翘起；距与唇瓣中裂片同色，棒状圆筒形，与萼片近等长，粗约0.2厘米，下半部多少向后弯曲，末端圆形。

本种常见有洋红和橙红2个颜色，还有1个较少见的白色变异种。

原产地

生于海拔1 100～1 500米的常绿阔叶林中的树干上。产于中国云南南部至东南部（勐腊、景洪、普洱、澜沧、沧源、孟连）。越南、老挝、泰国、缅甸、孟加拉国、尼泊尔、印度及喜马拉雅山东部其他区域也有分布。

鸟舌万代兰
橙花变种
（*Vanda ampullaceum*
var.*aurantiaca*）

鸟舌万代兰

鸟舌万代兰白变种（*Vanda ampullaceum* var. *alba*）

本斯万代兰

Vanda bensonii Bateman

❀❀♂

12 1 2
11 3
10 4
9 5
8 7 6
（月）

生活型

多年生中小型附生草本。

形态特征

茎：直立，被叶鞘所包裹，具6片以上二列的叶。

叶：叶片革质，带状，长约10.0厘米、宽约1.5厘米，中脉下凹呈浅V形对折，先端具3个不规则的尖齿状缺刻，基部具宿存而抱茎的鞘。

花：总状花序1～2个，长13.0～18.0厘米，不分枝，每花序具3朵以上的花。小花梗绿色，扭曲，具纵向的棱，连同子房长约4.0厘米。花径约3.7厘米，棕红色，略带黄色网格状纹路。中萼片直立，卵圆形，长约1.8厘米、宽约1.1厘米，先端圆，边沿具波状扭曲，基部收窄；花瓣与中萼片等大同形；侧萼片宽卵形，长约1.8厘米、宽约1.2厘米，边缘稍扭曲；唇瓣黄绿色，上面点缀有淡粉色，3裂，侧裂片黄绿色，直立，三角形，底长约0.6厘米、高约0.3厘米，中裂片长约1.5厘米、宽约1.2厘米，基部以上2/3处缢缩收窄，先端放宽并开裂呈鱼尾状；合蕊柱白色；距淡黄绿色，短而粗，长约0.5厘米，末端圆钝。

原产地

生于海拔较低至中等的落叶林中。原产于泰国、缅甸和印度。

本斯万代兰

双色万代兰

Vanda bicolor Griff.

✿✿✿ ♂♂

生活型

多年生中型附生草本。

形态特征

茎：长15.0 ～ 25.0厘米、粗1.0 ～ 1.6厘米，具多数短的节间和多数二列而披散的叶。

叶：叶片带状，通常长22.0 ～ 25.0厘米、宽约2.5厘米，先端具2个不整齐的尖齿状缺刻，基部具1个关节和宿存而抱茎的鞘。

花：花序出自叶腋，1 ～ 4个，不分枝，长7.0 ～ 12.0厘米，每花序疏生2 ～ 5朵花；花苞片宽卵形，长0.3 ～ 0.4厘米，先端钝。小花梗连同子房长5.0 ～ 8.0厘米，白色，多扭转，具棱。花径4.0 ～ 5.0厘米，质地厚，背面白色，内面（正面）黄绿色或黄褐色带紫褐色网格纹，边缘多波状扭曲。萼片倒卵形，中萼片长约1.7厘米、宽约1.1厘米，先端近圆形，基部收狭；侧萼片长约2.5厘米、宽约1.8厘米；花瓣同中萼片稍相似，长宽相近，约2.1厘米；唇瓣3裂，侧裂片白色，先端黄色，直立，圆耳状或半圆形，长宽相近，约0.8厘米，中裂片提琴形，粉色或黄绿色，无纹，长约2.3厘米，基部宽于先端，先端具2小圆裂；距白色，短圆锥形，长约0.6厘米，距口无或具1对白色的圆形胼胝体；蕊柱白色，或基部带紫色斑点，粗壮，长约0.8厘米；药帽淡黄白色，宽约0.4厘米；花粉块直径约0.2厘米；粘盘扁圆形，粘盘柄近卵状三角形，长约0.4厘米，中部以上骤然变狭。

果：果荚长13.0 ～ 16.0厘米，直径约1.5厘米。

原产地

生于海拔700 ～ 2 000米的疏林中。原产于中国西藏。缅甸、不丹、尼泊尔和印度也有分布。

双色万代兰

白柱万代兰

Vanda brunnea Rchb. f.

❀❀ 🌰🌰

生活型

多年生中型附生草本。

形态特征

茎：圆柱形，长15.0厘米以上，粗1.0～1.8厘米，具多数短的节间和多数二列而披散的叶。

叶：革质，叶片带状，通常长22.0～25.0厘米，宽约2.5厘米，先端具2～3个不整齐的尖齿状缺刻，基部具1个关节和宿存而抱茎的鞘。

花：总状花序，花总梗1～3个，出自叶腋，不分枝，长10.0～20.0厘米，每花序轴疏生3～5朵花。小花梗连同子房长7.0～9.0厘米，白色，部分扭转，具棱。花径约5.5厘米，具强烈香气。花裂片质地厚，萼片和花瓣多少反折，内面（正面）黄绿色或黄褐色带紫褐色网格纹，边缘稍具波状扭曲，背面白色；中萼片与侧萼片大小相近，倒卵形，长约2.3厘米、宽约1.7厘米，先端近圆形，基部收狭呈爪状；花瓣形状与中萼片相似，长约2.3厘米、宽约1.9厘米；唇瓣3裂，侧裂片白色，直立，圆耳状或半圆形，长宽相等，约0.9厘米，中裂片除基部白色和基部两侧具2条褐红色条纹外，其余黄绿色或浅褐色，提琴形，长约1.8厘米，基部与先端几乎等宽，先端2圆裂；距白色，短圆锥形，长约0.6厘米，距口具1对白色的圆形胼胝体。

原产地

生于海拔800～1 800米的疏林中或林缘树干上。原产于中国云南东南部至西南部（石屏、思茅、澜沧、镇康、富宁、勐腊、景洪、勐海）。越南、泰国和缅甸也有分布。

白柱万代兰

克里斯汀万代兰

Vanda christensoniana (Haager) L. M. Gardiner

12 1 2
11 3
10 4
9 5
8 7 6
（月）

生活型

多年生小型附生草本。

形态特征

茎：圆柱形，长度通常5厘米以上，被叶鞘所包裹。具多数二列的叶。

叶：叶片革质，细条状，暗红色或绿色，长约9.0厘米、宽约0.7厘米，沿中脉呈V形对折，先端具3个不等长的尖齿状缺刻，基部具宿存而抱茎的鞘。

花：总状花序从叶腋抽出，花总梗1～4个，长8.0～13.0厘米，不分枝，多数花朵密生于花序轴，由下至上依次开放；小花梗白色，略带粉红，稍具棱，连同子房长约1.2厘米。花径约1.0厘米。萼片和花瓣内面（正面）粉色，背面呈浅粉色；中萼片直立，长约0.7厘米、宽约0.4厘米；侧萼片略大，长约0.8厘米、宽约0.5厘米；花瓣卵圆形，与中萼片相似，长约0.8厘米、宽约0.4厘米；唇瓣向前伸展，粉红色，长约0.4厘米、宽约0.2厘米；距长约1.0厘米，末端囊状。

原产地

生于海平面至海拔700米的半落叶和落叶的干燥森林中。原产于越南、印度。

克里斯汀万代兰

大花万代兰

Vanda coerulea Griff. ex Lindl.

生活型

多年生中大型附生草本。

形态特征

茎：直立，粗壮，圆柱形，被叶鞘所包。具多数二列的叶。

叶：叶片革质，带状，绿色，沿中脉下凹呈对折状，长10.0 ~ 18.0厘米、宽约2.0厘米，先端具2 ~ 4个不规则的短小尖齿，基部具宿存而抱茎的鞘。

花：总状花序1 ~ 4个，从叶腋抽出，花序轴绿色，长20.0 ~ 50.0厘米、粗约0.4厘米，每花序具8 ~ 15朵花。小花梗蓝粉色、浅蓝色或浅粉色，具棱，长约4.5厘米。花径约7.5厘米，蓝色或蓝紫色，具有网格状纹路。中萼片宽卵形，长约3.5厘米、宽约2.5厘米，基部收窄；花瓣宽卵形，长约4.0厘米、宽约3.3厘米，开放时基部旋转反转使背面朝前；侧萼片长宽卵型，长约4.2厘米、宽约3.3厘米，基部收窄；唇瓣3裂，侧裂片三角形，底部长约0.2厘米、高约0.4厘米，中裂片深紫蓝色，肉质，长约2.0厘米、宽约1.0厘米，正面具从基部通达先端的3条纵向凸起的棱，先端2裂呈鱼尾状；合蕊柱白色，高约0.6厘米；距向后伸展，末端浅蓝色或浅粉色，圆钝，长约1.0厘米。

原产地

生于海拔1 000 ~ 1 600米的河岸或山地疏林中树干上。原产于中国云南南部（勐海、景洪）。老挝、泰国、缅甸、不丹、尼泊尔和印度也有分布。

大花万代兰

大花万代兰白花变种（*Vanda coerulea* var. *alba*）

大花万代兰粉花变种（*Vanda coerulea* var. *pink*）

小蓝万代兰

Vanda coerulescens Griff.

生活型

多年生中型附生草本。

形态特征

茎：长2.0～8.0厘米或更长、粗1.0～1.5厘米，基部具众多长而分枝的肉质气根。具二列的叶。

叶：稍肉质，斜立，带状，常呈V形对折，长10.0～25.0厘米、宽约1.0厘米，先端斜截形并具不整齐的缺刻，基部具宿存而抱茎的鞘。

花：总状花序从叶腋抽出，近直立，长25.0～40.0厘米，不分枝，15朵以上的花朵疏生于花序轴。小花梗纤细，白色带淡蓝色，连同子房长约3.0厘米。花径约4.0厘米。萼片和花瓣淡蓝色或白色带淡蓝色晕；中萼片与侧萼片近相似，倒卵形或匙形，长1.5～1.7厘米、宽0.6～0.7厘米，先端钝，基部楔形；花瓣倒卵形，长1.5～1.7厘米、宽0.5～0.6厘米，先端钝，基部楔形；唇瓣深蓝色，3裂，侧裂片直立，近长圆形，长约0.4厘米、宽约0.3厘米，先端斜截，中裂片楔状倒卵形，长约0.8厘米、宽约0.6厘米，先端扩大呈圆形，中央稍凹缺，基部具一对胼胝体，上面通常具4～5条脊突，其中有2条较粗、在先端扩大成圆钝状并颜色加深；距短而狭，伸直或稍向前弯，长约0.5厘米；蕊柱蓝色，粗短，长约0.5厘米；药帽淡黄色。

原产地

生于海拔700～1 600米的疏林树干上。原产于中国云南南部和西南部（思茅、镇康、勐腊、景洪、勐海）。泰国、缅甸、印度及喜马拉雅山东部其他区域也有分布。

小蓝万代兰

琴唇万代兰

Vanda concolor Bl.

12 1 2
11   3
10   4
9   5
8 7 6
（月）

生活型

多年生中型附生草本。

形态特征

叶：具多数二列的叶，叶片革质，带状，长约16.0厘米、宽约1.8厘米，中部以下常呈V形对折，先端具2～3个不等长的尖齿状缺刻，基部具宿存而抱茎的鞘。

花：总状花序1～4个，长13.0～17.0厘米，不分枝，每花序轴通常疏生4朵以上的花朵；小花梗白色，连同子房长4.0～4.5厘米。花径约4.6厘米。萼片和花瓣内面（正面）黄褐色带黄色花纹，但不成网格状，背面白色；中萼片与侧萼片相似，长圆状倒卵形，长约1.6厘米、宽约1.0厘米，先端钝，基部收窄，边缘稍皱波状；花瓣近匙形，长约1.5厘米、宽约0.8厘米，先端圆形，基部收狭为爪，边缘稍皱波状；唇瓣3裂，侧裂片白色，内面具众多紫色斑点，直立，近镰刀状或披针形，长约0.5厘米、宽约0.2厘米，先端钝，中裂片中部以上黄褐色，中部以下黄色，提琴形，长约1.2厘米、宽约0.7厘米，近先端处缢缩，先端扩大并且稍2圆裂，基部常被短毛，上面具5～6条有小疣状突起的黄色脊突；距白色，细圆筒状，长约0.8厘米，末端近锐尖。

原产地

生于海拔800～1 200米的山地林缘树干上或岩壁上。原产于中国广东北部（英德）、广西北部和西南部（龙州、靖西、柳城）、贵州西南部（安龙）、云南南部至西北部（勐腊、思茅、剑川）。越南也有分布。

琴唇万代兰

叉唇万代兰

Vanda cristata Wall. ex Lindl.

12　1　2
11　　　3
10　　　4
9　　　5
8　7　6　（月）

生活型

多年生中小型附生草本。

形态特征

茎：直立，圆柱形，长6.0 ~ 10.0厘米，连叶鞘粗约0.8厘米，具数枚二列紧凑的叶。

叶：叶片硬革质，斜立，带状，中部以下常呈V形对折，长10.0 ~ 12.0厘米、宽约1.3厘米，先端斜截并具3个不规则的细尖齿。

花：花序2 ~ 3个，腋生，直立，长约3.0厘米，每花序轴着生1 ~ 2朵花；花苞片黄绿色，长约0.6厘米；小花梗连同子房黄绿色，具纵棱，长约3.0厘米。花径约4.0厘米。萼片和花瓣质地厚，黄绿色，向前伸展；中萼片长圆状匙形，长2.5 ~ 3.0厘米、宽约0.9厘米，先端钝；侧萼片披针形，与中萼片等大，先端钝，围抱唇瓣的两侧且并列前伸，在背面中肋有龙骨状突起；花瓣镰状长圆形，长2.4 ~ 2.8厘米、宽约0.5厘米，先端稍尖；唇瓣比萼片长，3裂，侧裂片卵状三角形，背面黄绿色，内面具污紫色斑纹，先端钝，中裂片近琴形，长约2.0厘米，上面有白色或黄色带污紫色的纵条纹，背面两侧为污紫色，其余黄绿色，先端叉状2深裂；距宽圆锥形，长约0.4厘米；蕊柱白色，长约0.8厘米；药帽黄色。

原产地

生于海拔700 ~ 1 650米的常绿阔叶林中树干上。原产于中国云南西南部（镇康）、西藏东南部（墨脱）。越南、缅甸、不丹、孟加拉国、尼泊尔、印度也有分布。

叉唇万代兰

曲叶万代兰

Vanda curvifolia (Lindl.) L. M. Gardiner

 -

12 1 2
11   3
10   4
9   5
8 7 6
(月)

生活型

多年生小型附生草本。

形态特征

茎：粗壮，圆柱状，长4.0厘米以上，被叶鞘所包裹，具6片以上二列的叶。

叶：叶片厚革质，沿中脉稍下凹呈V形对折，带状，弯曲，长14.0～20.0厘米、宽约1.4厘米，正面具黑褐色斑点，先端具2～3个不规则的短小尖齿，基部具宿存而抱茎的鞘。

花：总状花序1至多数，从叶腋抽出，直立，稍短于叶，花序轴绿色，密生多数花；小花梗纤细，橙红色，连同子房长约2.0厘米；花朵在花蕾期呈绿色，即将开放时转为橙红色。花径约2.5厘米。萼片和花瓣近相似，宽卵形，长1.2～1.4厘米、宽0.6～0.8厘米，先端钝，全缘；唇瓣3裂，侧裂片黄色，极小，直立，近三角形，中裂片橙红色，向外伸展，长约0.7厘米、宽约0.3厘米，先端2浅裂；距向前下方伸展，橙红色偏黄，棒状圆筒形，稍长于唇瓣，末端圆形。

原产地

生于海拔700米左右的半落叶和落叶的干燥森林中。原产于越南、老挝、泰国、缅甸、尼泊尔、印度及喜马拉雅山东部。

曲叶万代兰

丹尼森万代兰

Vanda denisoniana Benson & Rchb. f.

生活型

多年生中型附生草本。

形态特征

茎：直立，圆柱形，被叶鞘所包裹，具多数二列的叶。

叶：叶片薄革质，带状，扭曲，长20.0～30.0厘米、宽约2.0厘米，基部呈V形对折，中上部分稍平展，先端具2个不等长的尖齿状缺刻，基部具宿存而抱茎的鞘。

花：总状花序1～3个，长5.0～10.0厘米，不分枝，每花序轴通常具1～4朵花；小花梗白绿色，具棱，连同子房长约5.0厘米。花径约5.0厘米。花裂片质地厚实，内面（正面）浅黄色，边缘常偏绿，背面黄白色。中萼片与花瓣等大同形，长约2.5厘米、宽约2.4厘米，先端圆钝，基部收窄；侧萼片宽卵状，长约2.5厘米、宽约2.5厘米；唇瓣向前伸展，白色至绿色，3裂，侧裂片白色，椭圆形，长约1.0厘米、宽约0.9厘米，中裂片提琴形，长约2.5厘米、宽约1.9厘米，基部具有2个突起的腺体，先端黄绿色，2裂；距较短，长约0.4厘米。

原产地

生于海拔450～1 200米的原始山地森林中。原产于越南、老挝、泰国和缅甸。

丹尼森万代兰

风兰（富贵兰）

Vanda falcata (Thunb.) Beer

12   1   2
11   3
10   4
9   5
8   7   6
（月）

生活型

多年生小型附生草本。

形态特征

茎：长1.0～4.0厘米，稍扁，被叶鞘所包裹。

叶：叶片厚革质，狭长圆状镰刀形，长5.0～12.0厘米、宽0.7～1.0厘米，先端近锐尖，基部具彼此套叠的V形鞘。

花：总状花序长约10.0厘米，每花序具2～5朵花；花苞片卵状披针形，长0.7～0.9厘米，先端渐尖；小花梗具棱，连同子房长2.8～5.0厘米。花径2.5～3.0厘米，白色。中萼片近倒卵形，长0.8～1.0厘米、宽0.3～0.4厘米，先端钝，具3条脉；侧萼片向前叉开，与中萼片相似等大，上半部向外弯，背面中肋近先端处龙骨状隆起；花瓣倒披针形或近匙形，长0.8～1.0厘米、宽0.2～0.3厘米，先端钝，具3条脉；唇瓣肉质，3裂，侧裂片长圆形，长0.3～0.4厘米、宽约0.1厘米，先端钝，中裂片舌形，长0.7～0.8厘米、宽0.2～0.3厘米，先端钝并有凹缺，基部具1枚三角形的胼胝体，上面具3条稍隆起的脊突；距纤细，弧形弯曲，长3.5～5.0厘米、粗0.1～0.2厘米，先端稍钝；合蕊柱极短，长约0.2厘米，在上部扩大成三角形；药帽白色，两侧褐色，前端收狭成三角形。

原产地

生于常绿阔叶林中树干上。产于中国华东地区、华南地区、四川及甘肃南部。朝鲜半岛和日本也有分布。

风 兰

广东万代兰（福禄万代兰）

Vanda fuscoviridis Lindl.

✿ ✿ ♪ ♪

生活型

多年生中型附生草本。

形态特征

茎：圆柱形，被叶鞘所包裹，具多数二列互生的叶。

叶：叶片革质，带状，长22.0 ～ 26.0厘米、宽约1.8厘米，叶面稍平展，中脉下凹，上端3/4处扭转，先端不对称，具1缺刻，有2 ～ 3个不规则的短小尖刺，基部具宿存而抱茎的鞘。

花：总状花序1 ～ 3个，长13.0 ～ 18.0厘米，生于叶腋，不分枝，每花序通常具6 ～ 10朵花。小花梗黄绿色，具棱，连同子房长约4.0厘米。花径约3.3厘米。花朵背面黄绿色，内面（正面）浅栗色，唇瓣绿色。中萼片卵圆形，长约1.6厘米、宽约1.0厘米，边沿被一圈黄绿色环绕，基部收窄；侧萼片宽卵状，长约1.6厘米、宽约1.1厘米，边沿亦被一圈黄绿色环绕；花瓣倒卵形，长约1.5厘米、宽约1.0厘米，先端具不规则的绿色凸起；唇瓣3裂，侧裂片三角形，直立，中裂片向前延伸，基部白绿色，具有4个凸起的腺体，中部缢缩，先端圆钝，长约1.6厘米、宽约0.8厘米；合蕊柱白色；距绿色，尾部圆钝，长约0.8厘米。

原产地

生于海拔100 ～ 350米的常绿阔叶林中。原产于中国广东、广西。越南也有分布。

广东万代兰

加里伊万代兰

Vanda garayi (Christenson) L. M. Gardiner

❀ -

12 1 2
11 3
10 4
9 5
8 7 6
(月)

生活型

多年生小型附生草本。

形态特征

茎：直立，粗壮，长4.0厘米以上，被叶鞘所包裹，具6片或以上二列互生的叶。

叶：叶片厚革质，带状，沿中脉稍下凹呈对折状，长11.0～15.0厘米、宽约1.5厘米，正面具黑褐色斑点，先端具3～4个不规则的短小尖齿，基部具宿存而抱茎的鞘。

花：总状花序1至多数，从叶腋抽出，直立，稍长于叶片，花序轴绿色，粗壮，密生多数花朵；小花梗连同子房黄色，纤细，长约1.1厘米；花朵在花蕾期呈绿色，即将开放时变成黄色。花径约1.2厘米。萼片和花瓣近相似，宽卵形，长0.9～1.1厘米、宽0.4～0.6厘米，先端钝，全缘；唇瓣3裂，侧裂片橙黄色，极小，直立，近三角形，中裂片橙红色，中部以上向下后方伸展，长约0.5厘米、宽约0.2厘米，先端圆钝；距向下后方伸展，与唇瓣中裂片中上部分平行，长约0.8厘米，黄色偏橙，棒状圆筒形，末端圆形。

原产地

生于海拔1 000米以下的半落叶和落叶的干燥森林中。原产于老挝、泰国和印度尼西亚。

本种与橘黄万代兰 *Vanda miniatum* 较为接近，要注意区分。

加里伊万代兰

徽记万代兰

Vanda insignis Blume

❀❀♂♂

生活型

多年生中型附生草本。

形态特征

茎：圆柱形，长8.0厘米以上，被叶鞘所包裹。具二列的叶。

叶：叶片条形，硬革质，绿色，长约18.0厘米、宽约2.0厘米，先端具1个较深的缺刻，基部具抱茎的鞘。

花：总状花序腋生，直立，花序轴密集着生8～10朵花。花径6.0～7.0厘米，花瓣不重叠，质地厚实。萼片和花瓣的颜色为均匀的橙色或棕色，带有褐红色或更深的棕色斑点。中萼片和花瓣等大同形，为宽卵形，长约2.0厘米、宽约1.9厘米，先端圆钝，边缘呈波状扭曲，中下半部分的边缘向后翻转，导致该区域变窄；侧萼片宽卵形，长约2.6厘米、宽约2.1厘米，边缘亦呈波状扭曲。唇瓣3裂，侧裂片较小，半直立，白色，中裂片大，长约2.0厘米、宽约1.6厘米，边沿突起，中间凹陷，粉红色，基部有两个白色突起的腺体；合蕊柱粗短，白色；距较短，白色，朝后方斜伸。

原产地

生于低海拔海岛的常绿阔叶林中。原产马来西亚。

徽记万代兰

雅美万代兰

Vanda lamellata Lindl.

✿✿♫

12 1 2
11 3
10 4
9 5
8 7 6 (月)

生活型

多年生中大型附生草本。

形态特征

茎：圆柱形，被叶鞘所包裹，具多数二列的叶。

叶：叶片绿色，革质，带状，长约24.0厘米、宽约2.2厘米，中脉下陷，中下部分呈V形对折，中上部分稍平展，先端具2个不等长的尖齿状缺刻，基部具宿存而抱茎的鞘。

花：总状花序1～3个从叶腋抽出，绿色，长15.0～30.0厘米，不分枝，10朵以上的花朵疏生于花序轴。小花梗白色，纤细，扭转，连同子房长约3.4厘米。花径约4.0厘米。萼片和花瓣内面（正面）白绿色或黄绿色，带褐色斑块或条纹，背面呈黄白色。中萼片直立，匙形，长约2.7厘米、宽约0.9厘米；侧萼片宽镰形，长约1.8厘米、宽约1.0厘米，下方呈褐色；花瓣长圆形或匙形，与中萼片相似，长约2.0厘米、宽0.9厘米；唇瓣厚质，暗粉色，向前伸展，长约1.2厘米、宽约0.9厘米，上方有2个突起的褶片；距较短小，长约0.5厘米。

原产地

生于海拔300米且阳光充足的近海悬崖，或沿海海滩森林的树枝和树干上。原产于中国台湾、琉球群岛、马里亚纳群岛、菲律宾和婆罗洲。

雅美万代兰

雅美万代兰博克撒变种

Vanda lamellata var. *boxallii* Rchb. f.

❀ ❀ ♪

生活型

多年生中大型附生草本。

形态特征

茎：直立，圆柱形，被叶鞘所包裹，具多数二列的叶。

叶：叶片绿色，硬革质，带状，长20.0～23.0厘米、宽1.0～1.5厘米，沿中脉下凹呈V形对折，先端具2个不等长的尖齿状缺刻，基部具宿存而抱茎的鞘。

花：总状花序1～3个，从叶腋抽出，长12.0～20.0厘米，不分枝，通常疏生10朵以上的花。小花梗白色，具棱，稍扭曲，连同子房长4.2～4.7厘米。花径约4.3厘米。萼片和花瓣较厚质，背面呈白色，内面（正面）白色，点缀有红褐色斑块，斑块颜色能渗透至背面。中萼片直立，长圆状倒卵形，长约2.4厘米、宽约1.2厘米；侧萼片宽镰形，长约1.9厘米、宽约1.5厘米，下方为红褐色；花瓣与中萼片相似，长圆状倒卵形，长约2.1厘米、宽约1.2厘米；唇瓣厚实，向前伸展，紫红色，长约1.3厘米、宽约1.0厘米，上面具有2个突起的褶片；距长约0.6厘米。

原产地

生于海拔300米且阳光充足的近海悬崖，或沿海海滩森林的树枝和树干上。原产于中国台湾、琉球群岛、马里亚纳群岛、菲律宾和婆罗洲。

雅美万代兰
博克撒变种

丁香万代兰

Vanda lilacina Teijsm. & Binn.

12   1   2
11   3
10   4
9   5
8   7   6
（月）

生活型

多年生中小型附生草本。

形态特征

茎：直立，粗约1.0厘米，被叶鞘所包裹，具多数二列的叶。

叶：叶片绿色，硬革质，肥厚，条形，中脉凹陷，长14.0 ～ 24.0厘米、宽约1.3厘米，基部有抱茎的鞘。

花：总状花序1至多个，从叶腋抽出，直立，绿色，长15.0 ～ 23.0厘米，每花序着生有8 ～ 15朵花。小花梗连同子房白色。花径2.0 ～ 2.5厘米。中萼片椭圆形，白色，中间凹陷呈荷瓣状，长约1.3厘米、宽约1.2厘米，先端圆，基部收窄；侧萼片与中萼片等大同形；花瓣倒卵形，白色，先端圆，基部收窄，长约1.3厘米、宽约0.6厘米；唇瓣3裂，侧裂片矩形，直立，外侧呈白色，内侧有紫色斑点，中裂片呈紫色，具4 ～ 5条突起的褶片，中上部分向后下方翻转，先端平截；柱头白色，长约0.5厘米；距较短，长约0.3厘米，先端圆钝。

原产地

生于海拔100 ～ 1 000米的常绿阔叶林树干。原产于老挝和泰国。

丁香万代兰

丽贝塔万代兰

Vanda limbata Blume

❀ ❀ ♪

生活型

多年生中型附生草本。

形态特征

茎：直立，圆柱形，被叶鞘所包裹，具多数二列互生的叶。

叶：叶片绿色，革质，带状，长25.0～30.0厘米、宽约2.1厘米，叶面稍平展，中脉下凹，先端具1缺刻，缺刻中间有1个不规则的短小尖刺，基部具宿存而抱茎的鞘。

花：总状花序1～3个，从叶腋抽出，长约20.0厘米，粗壮，不分枝，通常具7～12朵花。小花梗白色，稍具棱，连同子房长约5.0厘米。花径约4.0厘米。花朵背面白色，内面（正面）浅栗色点缀有黄色网格，边缘常具黄色镶边。中萼片宽匙形，先端圆钝，具波浪形卷曲，基部收窄，长约2.0厘米、宽约1.3厘米；侧萼片宽卵状，长约2.0厘米、宽约1.3厘米；花瓣匙形，先端圆钝，具波浪形卷曲，基部收窄，长约2.0厘米、宽约1.3厘米；唇瓣向前伸展，粉色，厚肉质，3裂，侧裂片三角形，直立，中裂片长约1.4厘米、宽约0.9厘米，中上部缢缩收窄，先端不开裂，基部具有1个高突起的腺体；距较短，长0.5厘米。

原产地

生于常绿阔叶林树干上。原产于印度尼西亚。

本种与*Vanda perplexa*较为接近，要注意区分。

丽贝塔万代兰

长瓣万代兰

Vanda longitepala

❀❀♂

12 1 2
11 3
10 4
9 5
8 7 6
（月）

生活型

多年生中小型附生草本。

形态特征

茎：直立，圆柱形，长25.0～45.0厘米，连叶鞘粗约0.8厘米，具数枚二列紧凑的叶。

叶：叶片硬革质，斜立，带状，中部以下常呈V形对折，长8.0～11.0厘米、宽约1.7厘米，先端斜截并具3个不规则的蚀啮。

花：花序2～3个，腋生，直立，长约3.0厘米，每花序疏生花1～2朵；花苞片黄绿色，卵形，长约0.6厘米；小花梗连同子房黄绿色，具纵棱，长约6.0厘米。花径约4.0厘米。萼片和花瓣质地厚，黄绿色，向前伸展；中萼片狭卵形，长3.5～3.8厘米、宽0.5～0.9厘米，先端钝；侧萼片近镰刀形，渐尖，与中萼片大小相近，先端钝，在背面中肋有龙骨状突起；花瓣狭长圆形，长3.8～4.0厘米、宽3.5～3.9厘米，先端渐尖；唇瓣比萼片短，3裂，深紫色，具黄绿色条纹，侧裂片三角形，先端渐尖，背面白色；中裂片卵形，顶端3裂；距宽圆锥形，长约0.4厘米；蕊柱白色，长约0.8厘米；药帽兜状，无毛，黄色。

原产地

生于海拔1 850～1 980米的半湿润常绿阔叶林疏林下或灌丛中。分布于中国云南、缅甸北部和印度。

长瓣万代兰

吕宋万代兰

Vanda luzonica Loher ex Rolfe

生活型

大型多年生附生草本。

形态特征

茎：直立，粗壮，直径约1.5厘米，被叶鞘所包裹，具多数二列互生的叶。

叶：叶片绿色，革质，带状，长25.0～40.0厘米、宽约2.5厘米，中脉下凹呈V形对折，中上部分稍平展，先端具1缺刻，内有3个不规则的短小尖齿，基部具宿存而抱茎的鞘。

花：总状花序1～3个，从叶腋抽出，花序轴绿色，粗壮，长10.0～25.0厘米、粗约0.5厘米，每花序疏生6～13朵花。小花梗白色，具棱，连同子房长约6.0厘米。花径约6.0厘米。背部白色，中萼片、侧萼片和花瓣正面先端呈玫红色，其余为白色且点缀或密或疏的玫红色斑点。中萼片与侧萼片同为宽卵形，基部收窄，长约3.0厘米、宽约2.5厘米，先端圆钝，边缘稍呈波状扭曲；花瓣倒卵形，长约3.0厘米、宽约2.3厘米；唇瓣玫红色或粉红色，3裂，侧裂片白色，直立，近矩形，长约0.5厘米、宽约0.3厘米，中裂片马褂状，向前伸展，基部白色，上面具两条玫红色纵向条纹，中上部分玫红色，长约2.4厘米、宽约1.6厘米，先端两侧往下方翻卷；合蕊柱短粗，宽而扁，白色，有细小的玫红色斑点；距向斜后上方伸展，呈压扁状，长约0.7厘米，末端圆钝。

原产地

生于海拔500米左右的海岛常绿阔叶林中。原产于菲律宾。

吕宋万代兰

玛丽亚万代兰

Vanda mariae Motes

❀ ❀ ♪

生活型

多年生中型附生草本。

形态特征

茎：圆柱形，被叶鞘所包裹，具多数二列互生的叶。

叶：叶片绿色，革质，带状，稍扭曲，长20.0～30.0厘米、宽1.0～2.0厘米，中部以下常呈V形对折，先端具3个不等长的尖齿状缺刻，基部具宿存而抱茎的鞘。

花：总状花序1～3个，从叶腋抽出，花总梗长13.0厘米以上，不分枝，通常疏生8朵以上的花；小花梗白色，纤细，连同子房长4.0～4.5厘米。花径约3.0厘米。萼片和花瓣背面黄绿色，内面（正面）朱红色。中萼片长圆状倒卵形，长约1.4厘米、宽约1.1厘米；侧萼片宽匙形，长约1.5厘米、宽约1.3厘米；花瓣形状与中萼片相似，长约1.4厘米、宽约1.0厘米；唇瓣向前伸展，3裂，侧裂片小，长椭圆形，中裂片淡红褐色，长约1.1厘米、宽约0.6厘米，基部具有2个突起的腺体；距长0.6厘米。

原产地

生于海拔500～1 600米的常绿阔叶林中。原产于菲律宾。

玛丽亚万代兰

梅里万代兰

Vanda merrillii Ames & Quisumb.

✿✿✿🦋🦋

生活型

多年生大型附生草本。

形态特征

茎：直立，粗壮，圆柱形，被叶鞘所包裹，具6片以上二列互生的叶。

叶：叶片绿色，革质，带状，中下部分沿中脉下陷呈V形对折，中上部分稍平展，长28.0～36.0厘米、宽约3.5厘米，先端具1缺刻，内有1个不规则的短小尖齿，基部具宿存而抱茎的鞘。

花：总状花序1～3个，从叶腋抽出，花序轴绿色，粗壮，长18.0～25.0厘米，每花序轴疏生8～12朵花；小花梗白色，具棱，连同子房长约5.5厘米。花径约5.0厘米。中萼片与花瓣同为宽匙形，长约2.0厘米、宽约1.7厘米，先端圆钝，基部收窄，边缘呈波状扭曲，背部黄绿色，正面栗色；侧萼片栗色，宽倒卵形，长约2.5厘米、宽约1.9厘米；唇瓣3裂，侧裂片白色，直立，近长圆形，长约0.5厘米、宽约0.4厘米，中裂片呈马褂状，向前伸展，长约1.7厘米、宽约1.9厘米，基部黄绿色，上面具两条黄绿色突起的棱脊，中上部分深棕红色，先端两侧往下方翻卷；合蕊柱短粗，宽而扁，基部栗色，上部白色；距向后上方伸展，长约0.4厘米，末端圆钝。

原产地

生于海拔500米左右的常绿阔叶林中。原产于菲律宾。

梅里万代兰

橘黄万代兰

Vanda miniatum (Lindl.) Schltr.

✿ -

12 1 2
11 3
10 4
9 5
8 7 6
(月)

生活型

多年生小型附生草本。

形态特征

茎：直立，粗壮，长4.0厘米以上，被叶鞘所包裹，具6～10片二列互生的叶。

叶：叶片绿色，厚革质，带状，稍平展，中脉多少下凹，长12.0～20.0厘米、宽约1.8厘米，先端具3～4个不规则的尖齿，基部具宿存而抱茎的鞘。

花：总状花序1至多个，从叶腋抽出，直立，与叶片等长或稍短，花序轴褐色或绿色，密生多数花；小花梗连同子房橙黄色，长约1.8厘米，纤细；花朵在花蕾期呈绿色，即将开放时转为橙黄色。花径约2.1厘米。中萼片、侧萼片和花瓣近相似，同为椭圆形，长0.9～1.1厘米、宽0.4～0.6厘米，先端圆钝，全缘；唇瓣橙黄色，3裂，侧裂片极小，直立，近三角形，中裂片中后端向后弯曲，狭长条形，长约0.6厘米、宽约0.1厘米，先端2裂；距为橙黄色，呈稍压扁的棒状圆筒形，稍长于萼片，末端圆形。

原产地

原产于越南、泰国、马来西亚、印度尼西亚和菲律宾。

本种与*Vanda garayi*非常相似，两者的不同之处在于后者的花序略长于叶片，唇瓣平直；而*Vanda miniatum*的花序略短于叶片，萼片和花瓣更窄，唇瓣下弯。

橘黄万代兰

娜娜万代兰

Vanda nana L. M. Gardiner

生活型

多年生附生小型草本。

形态特征

茎：直立，圆柱形，被叶鞘所包裹，具5片以上叶。

叶：叶片深绿色，肥厚硬革质，条形，沿中脉下凹呈V形对折，二列互生于茎的两端，长约8.3厘米、宽约1.0厘米，先端具1～2个缺刻。

花：总状花序1至多个，从叶腋抽出，每花梗上着生多数粉色的花朵。花径约1.2厘米。中萼片与侧萼片同为阔卵形，长约0.6厘米、宽约0.4厘米，先端钝尖，基部收窄；花瓣椭圆形，稍短于萼片，长约0.5厘米、宽约0.4厘米，先端钝尖；唇瓣粉色至红色，3裂，侧裂片较小，矩形，直立，中裂片长约0.6厘米、宽约0.35厘米，基部具3个突起的腺体，先端呈舌形；距向后下方斜伸，粉色，呈压扁状，长约0.9厘米。

原产地

越南、柬埔寨和泰国。

娜娜万代兰

帕蕾莎万代兰

Vanda perplexa Motes & Roberts

✿ ✿ -

生活型

多年生中型附生草本。

形态特征

茎：直立，圆柱形，被叶鞘所包裹，具多数二列互生的叶。

叶：叶片革质，带状，长25.0～33.0厘米、宽约2.0厘米，中脉下凹，中下部分呈V形对折，中上部分稍平展，先端具2个不等长的缺刻，基部具宿存而抱茎的鞘。

花：总状花序1～3个，从叶腋抽出，长约20.0厘米，粗壮，不分枝，每花序通常具8～12朵花；小花梗粉色，稍具棱，连同子房长约5.5厘米。花径约3.5厘米。花朵背面白粉色，内面（正面）棕红色。中萼片与花瓣同为匙形，长约1.6厘米、宽约1.1厘米，先端圆钝，呈波浪形卷曲，基部收窄；侧萼片宽卵状椭圆形，长约1.6厘米、宽约1.5厘米；唇瓣向前伸展，粉色，厚质，3裂，侧裂片直立，椭圆形，中裂片长约1.8厘米、宽约1.0厘米，中上部缢缩收窄，先端圆钝不开裂，基部具有1个高突起的腺体；距较短，长约0.4厘米。

原产地

印度尼西亚。

本种与 *Vanda limbata* 较为近似，但本种花瓣和萼片缺少白色边缘，唇瓣长方形，略宽，合蕊柱圆柱形，花序直立紧凑。

帕蕾莎万代兰

矮万代兰

Vanda pumila Hook. f.

❀❀ ⚘

12 1 2
11 3
10 4
9 5
8 7 6
（月）

生活型

多年生中小型附生草本。

形态特征

茎：直立，短或伸长，常弧曲上举，长5.0 ～ 23.0厘米、粗约1.0厘米，被叶鞘所包裹，具多数二列互生的叶。

叶：叶片稍肉质或厚革质，带状，常呈V形对折，长8.0 ～ 13.0厘米、宽1.3 ～ 1.9厘米，先端具2 ～ 3个不规则的尖齿状缺刻，基部具宿存而抱茎的鞘。

花：花序1 ～ 2个，从叶腋抽出，比叶短，长2.0 ～ 7.0厘米，不分枝，每花序疏生1 ～ 3朵花。小花梗和子房粗壮，强烈扭转，长约4.0厘米，具数个纵条棱；花径约3.6厘米，向外伸展。萼片和花瓣奶黄色，基部或有紫色斑点，无明显的网格纹。中萼片向前倾，近长圆形，长1.6 ～ 3.0厘米、宽0.7 ～ 1.0厘米，先端钝；侧萼片向前伸并围抱唇瓣中裂片，稍斜卵形，长1.6 ～ 2.7厘米、宽0.9 ～ 1.1厘米，先端钝；花瓣长圆形，长约2.5厘米、宽约0.8厘米，先端尖；唇瓣厚肉质，3裂，侧裂片直立，背面奶黄色，内面紫红色，卵形，长0.3 ～ 0.4厘米、宽0.2 ～ 0.3厘米，先端钝，中裂片舌形或卵形，上面奶黄色带8 ～ 9条紫红色纵条纹，长约1.2厘米、宽约1.0厘米，先端钝并且稍凹入，背面具1条龙骨状的纵脊；距圆锥形，长约0.5厘米，末端钝；蕊柱奶黄色，粗短，长约0.5厘米；药帽奶黄色。

矮万代兰

原产地

生于海平面至海拔800米的半落叶和落叶干燥低地森林、热带稀树草原林地，以及海拔700 ～ 1 400米的原始山地森林中。原产于中国海南（五指山、东方）、广西西部（凌云）、云南南部和西南部（蒙自、勐腊、景洪、勐海、沧源、镇康、墨江至普洱）。印度尼西亚、越南、老挝、泰国、缅甸、不丹、尼泊尔和印度也有分布。

裂唇万代兰

Vanda roeblingiana Rolfe

✿ ✿ -

12 1 2
11 3
10 4
9 5
8 7 6
(月)

生活型

多年生中型附生草本。

形态特征

茎：直立，圆柱形，被叶鞘所包裹，具多数二列互生的叶。

叶：革质，带状，长约21.5厘米、宽约1.0厘米，常呈V形对折，先端具2～3个不规则的尖齿状缺刻，基部具宿存而抱茎的鞘。

花：总状花序1～2个，长18.0～40.0厘米，不分枝，每花序通常疏生6朵以上的花。小花梗黄绿色，具扭曲的棱，连同子房长约5.5厘米。花径约5.4厘米。萼片和花瓣背面黄绿色，内面（正面）褐红色，具黄绿色斑块或纹路，花瓣上的黄绿色斑块或纹路尤其明显。中萼片直立，长圆状倒卵形，中上部分向后方翻卷，长约2.4厘米、宽约1.0厘米，先端钝尖，基部收窄；花瓣近长匙形，长约2.3厘米、宽约1.2厘米，先端钝尖，基部收狭，边缘皱波状；侧萼片长椭圆形，长约2.5厘米、宽约1.2厘米，边缘波状卷曲；唇瓣3裂，侧裂片外面白色，内面具棕色斑点，直立，近矩形，长近镰刀状或披针形，长约0.7厘米、宽约0.4厘米，中裂片基部左右两侧各具一个肩状突起，中间具1突脊状腺体，先端2深裂，左右裂片为扇形，正面褐红色，夹杂黄绿色纹路，背面黄绿色，边沿流苏状；距淡黄绿色，短而粗，长约0.5厘米，末端圆钝。

原产地

生于海拔1 500米以上的山地森林浓荫下的树干上。原产于菲律宾和马来西亚。

裂唇万代兰

桑德万代兰

Vanda sanderiana Rchb. f.

❀❀❀-

生活型

多年生大型附生草本。株高25.0 ～ 50.0厘米或更高，最高可达100.0厘米。

形态特征

茎：直立，圆柱形，被叶鞘所包裹，具多数二列互生的叶。

叶：叶片绿色，革质，条形，长25.0 ～ 40.0厘米、宽2.0 ～ 3.0厘米，基部有宿存而抱茎的鞘。

花：总状花序1 ～ 2个，从叶腋抽出，花梗粗壮，长约20.0厘米，直立，每花梗着生7 ～ 10朵花。花朵圆形饱满，花径6.0 ～ 10.0厘米。中萼片和花瓣呈宽卵圆形，长约5.5厘米、宽约4.5厘米，淡紫色或浅粉色，基部有椭圆形的棕色斑点；侧萼片较大，倒卵形，长约6.5厘米、宽约5.0厘米，淡绿黄色，有棕色或紫色网纹；唇瓣较小，3裂，侧裂片直立，绿色，呈合抱状，中裂片肉质，基部内陷成气球状结构，两侧呈圆形，棕色，中央有3条深棕色（近黑色）的纵脊，边缘具圆齿；合蕊柱极短。

原产地

生于海拔500米左右的海岛，常靠近海边的树上，悬挂在水面上，或完全暴露在阳光下。原产于菲律宾。

桑德万代兰

纯色万代兰

Vanda subconcolor Tang & F. T. Wang

✿ ✿ ⚬

生活型

多年生中型附生草本。

形态特征

茎：粗壮，长15.0 ～ 18.0厘米及以上、粗约1.0厘米，具多数二列互生的叶。

叶：叶稍肉质，带状，中部以下呈V形对折，向外弯垂，长14.0 ～ 20.0厘米、宽约2.0厘米，先端具2 ～ 3个不等长的尖齿状缺刻，基部具宿存而抱茎的鞘。

花：总状花序长约17.0厘米，不分枝，疏生3 ～ 6朵花；花序柄被2枚鞘；花苞片宽卵形，长约0.3厘米、宽0.2 ～ 0.3厘米，先端钝。小花梗和子房白色，长4.0 ～ 7.0厘米。花径4.0 ～ 5.0厘米，花质地厚，伸展，萼片和花瓣在背面白色，内面（正面）黄褐色，具明显的网格状脉纹。中萼片倒卵状匙形，长2.2 ～ 2.8厘米、中部宽1.0 ～ 1.2厘米，先端钝，边缘皱波状，基部收狭；侧萼片菱状椭圆形，与中萼片等长，中部宽1.4 ～ 1.5厘米，边缘稍皱波状，基部收狭；花瓣与相似中萼片，但较小；唇瓣白色，3裂，侧裂片内面密被紫色斑点，直立，卵状三角形，长0.7 ～ 0.9厘米、宽约0.6厘米，先端钝，中裂片卵形，长约1.4厘米、基部宽约1.0厘米，中部以上缢缩而在先端扩大，先端黄褐色，稍凹，上面具4 ～ 6条紫褐色条纹；距圆锥形，长约0.3厘米；蕊柱白色，粗短，长约0.7厘米。

原产地

生于海拔600 ～ 1000米的稀疏树林中的树干上。原产于中国海南（白沙、儋州、昌江、三亚、定安）、云南西部（德宏）。

纯色万代兰

棋盘格万代兰

Vanda tessellata (Roxb.) Hook.

生活型

多年生中型附生草本。

形态特征

茎：直立，粗壮，被叶鞘所包裹，具多数二列互生的叶。

叶：叶片绿色，革质，带状，沿中脉下凹呈V形对折，长 13.0 ~ 23.0厘米、宽约0.9厘米，先端具2 ~ 3个不规则的短小尖齿，基部具宿存而抱茎的鞘。

花：总状花序1 ~ 2个，从叶腋抽出，花序轴绿色，长10.0 ~ 18.0厘米、粗约0.3厘米，每花序具4 ~ 8朵花。小花梗白色，具棱，长约4.0厘米。花径约4.8厘米，背部灰色，正面灰青色或灰粉色，具有棋盘格般网格状纹路。中萼片长倒卵形，长约2.8厘米、宽约1.1厘米，边沿呈波状卷曲；花瓣与中萼片大小、形状及颜色相同；侧萼片长宽卵型，长约2.5厘米、宽约1.5厘米，颜色与中萼片、花瓣一致，基部收窄，中上部分边缘呈波状卷曲；唇瓣3裂，侧裂片三角形，底部长约0.4厘米、高约0.6厘米，外侧呈白色，内侧白色密集点缀有蓝色或粉色斑点，中裂片蓝色或粉色，肉质，长约1.6厘米、宽约1.3厘米，正面具从基部通达先端的纹路，先端圆钝，中间稍下凹；合蕊柱白色点缀有蓝色或粉色的斑点；距向后伸展，与子房平行，末端浅蓝色或浅粉色，圆钝，长约0.8厘米。

原产地

生于海拔1 500米左右的森林。原产于缅甸、孟加拉国、尼泊尔、印度和斯里兰卡。

棋盘格万代兰

小黄花万代兰

Vanda testacea Rchb. f.

生活型

中小型附生草本。

形态特征

茎：直立，长3.0厘米以上，被叶鞘所包裹，具5～8片二列互生的叶。

叶：叶片硬革质，沿中脉下凹呈V形对折状，长10.0～14.0厘米、宽约0.8厘米，先端两面不对称，具1个细小的尖齿，基部具宿存而抱茎的鞘。

花：总状花序1～2个，从叶腋抽出，花序轴纤细，绿色，不分枝，比叶片长，长15.0～25.0厘米，每花序轴着生8～15朵花。小花梗连子房淡黄色，长约2.3厘米，纤细，具纵向的棱。花径约1.9厘米。萼片与花瓣为黄色，唇瓣为白粉色。中萼片直立，椭圆形，长0.9～1.0厘米、宽约0.4厘米，先端钝尖，基部收窄；花瓣椭圆形，长约0.8厘米、宽约0.4厘米，在基部扭曲翻转呈展翅状；侧萼片倒卵状，下端稍向前扭转，长约0.9厘米、宽约0.5厘米；唇瓣3裂，侧裂片稍微呈矩形，直立，先端近玫红色，中裂片先端呈扇形，中间具一凹缺；合蕊柱黄色；距尾状，黄色，末端朝下前方弯曲，长约0.5厘米。

原产地

生于海拔780～2 000米的地区。原产于缅甸、不丹、尼泊尔、印度和斯里兰卡。

小黄花万代兰

三色万代兰

Vanda tricolor Lindl.

生活型

多年生中大型附生草本。

形态特征

茎：直立，圆柱形，被叶鞘所包裹，具多数二列互生的叶。

叶：叶片绿色，革质，带状，长约35.0厘米、宽约2.6厘米，沿中脉下凹呈V形对折，先端具3～5个不等长的尖齿状缺刻，基部具宿存而抱茎的鞘。

花：总状花序1～2个，从叶腋抽出，长25.0～30.0厘米，不分枝，每花序轴通常疏生6～10朵花；小花梗浅粉色，直径约0.5厘米，连同子房长约10.2厘米。花径约6.0厘米。萼片和花瓣在背面白色，内面（正面）白色至白粉色，具紫褐色斑点，沿花朵辐射的方向排列成放射状不连续的线形，花朵完全开放后中萼片与花瓣向后方反折张开。中萼片宽匙形，长约3.0厘米、宽约2.0厘米，先端圆钝，基部收窄，边缘稍皱波状；花瓣在形状和大小方面与中萼片一致；侧萼片宽匙形，长约3.2厘米、宽约2.5厘米，先端圆钝，基部收窄，边缘稍皱波状；唇瓣3裂，侧裂片白色至白粉色；中裂片凤蝶状，基部宽大为蝶翅，紫红色，宽约2.0厘米，中部处缢缩为腰，宽约0.6厘米，中部以上为粉色的蝶尾翼，先端扩大并且稍2圆裂，基部具3个突起腺体，上面具3条白粉色脊突；距紫红色，长约0.7厘米，半椭圆形状。

原产地

生于海拔700～1600米的潮湿常绿森林中。原产于印度尼西亚。该种花朵形态多变，变种较多。

三色万代兰

优世万代兰

Vanda ustii Golamco, Claustro & de Mesa

生活型

多年生中型附生草本。

形态特征

茎：直立，粗壮，被叶鞘所包裹，具约6片以上二列互生的叶。

叶：叶片绿色，带状，革质，沿中脉下凹呈V形对折，长28.0～33.0厘米、宽约2.9厘米，先端具4～6个不规则的短小尖齿，基部具宿存而抱茎的鞘。

花：总状花序1～2个，从叶腋抽出，花序轴粗壮，绿色，长22.0～25.0厘米、粗约0.8厘米，每花序具10～15朵花。小花梗白粉色，具棱，连同子房长约6.0厘米。花径约4.5厘米，背部黄绿色。萼片宽卵型，长约2.5厘米、宽约2.0厘米，基部收窄，黄绿色或绿色，先端具一抹浅红色；花瓣倒卵形，长约2.2厘米、宽约2.0厘米，先端圆钝且有一抹浅红色，边缘呈波浪状扭曲，基部收窄；唇瓣3裂，侧裂片白色，矩形，直立，长约0.3厘米、宽约0.2厘米，中裂片玫红色，铲状向前延伸，厚肉质，先端不裂，长约1.6厘米、宽约1.5厘米；合蕊柱短粗，宽而扁，黄绿色；距向后伸展，与子房平行，末端浅红色，圆钝呈压扁状，长约0.6厘米。

原产地

生于海拔1 250米左右的森林中。原产于菲律宾。

优世万代兰

越南万代兰

Vanda vietnamica (Haager) L. M. Gardiner

生活型

多年生中型附生草本。

形态特征

茎：直立，被叶鞘所包裹，具多数二列互生的叶。

叶：叶片绿色，带状，硬革质，长约7.4厘米、宽约1.5厘米，中脉下凹呈浅V形对折，先端具2～3个不规则的尖齿状缺刻，基部具宿存而抱茎的鞘。

花：总状花序1至数个，长10.0～15.0厘米，不分枝，每花序具3朵以上的花。小花梗绿色，扭曲，具纵向的棱，连同子房长约1.7厘米。花径约3.4厘米，除唇瓣先端为白色外，通身为绿色。中萼片前倾，卵状长圆形，长约1.5厘米、宽约1.0厘米，先端钝尖，基部收窄；花瓣宽卵形，长约1.3厘米、宽约0.7厘米，先端钝尖；侧萼片宽卵形，长约1.7厘米、宽约1.1厘米，边缘稍扭曲；唇瓣3裂，侧裂片近矩形，长约1.2厘米、高约0.7厘米，中裂片长约2.2厘米、宽约1.8厘米，先端呈扇形，边沿具卷曲；唇瓣基部与距合生，距筒较大，最大处直径约1.0厘米，向后方斜伸，末端收窄；合蕊柱绿色。

原产地

生于海拔700米以下的半落叶和落叶干燥低地森林及热带稀树草原林地中。原产于越南。

越南万代兰

凤蝶兰

Vanda (Papilionanthe) teres (Roxb.) Schltr.

❀ ❀ ❀ -

生活型

多年生中大型附生草本。

形态特征

茎：圆柱形，具分枝，长100.0厘米以上、粗约0.35厘米，茎节明显，节上具气生根1～2条。

叶：疏生，肉质，斜立，深绿色，圆柱形，长8.0～18.0厘米、粗0.4～0.8厘米，先端钝。

花：总状花序与叶对生，每花序疏生花2～5朵。花梗连同子房白色，花径约6.5厘米。中萼片淡紫红色，椭圆形，长约2.5厘米、宽约2.0厘米；侧萼片白色稍带淡紫红色，斜卵状长圆形，长约3.0厘米、宽约2.0厘米；花瓣浅紫红色，近圆形，长约3.0厘米、宽约2.7厘米，其与萼片均具网状脉；唇瓣3裂；侧裂片背面深紫红色，内面黄褐色，围抱蕊柱，近倒卵形；中裂片向前伸展，倒卵状三角形，长约2.0厘米，先端深紫红色并具深2裂，上面黄褐色，被短毛；距长约2.0厘米，黄褐色。

原产地

生于海拔约600米的林缘或疏林中树干上。原产于中国云南南部。

本种在系统分类上的地位变动较大，长期以来被归为万代兰属，但现有大量研究（Lim et al., 1999；Tanee et al., 2012；Zhang et al., 2013）支持将其独立划为凤蝶兰属（*Papilionanthe*）。考虑以上特殊情况，为扩大读者对广义"万代兰"的了解，仍将其列入本书。

凤蝶兰

第三章
万代兰的繁殖与育种

■ 第一节　繁殖方法

万代兰的繁殖可分为有性繁殖和无性繁殖两大类。有性繁殖是指经过传粉和受精过程，逐步发育成种子，在适宜条件下萌发成新个体的繁殖方式。杂交育种是常见的有性繁殖方式，该技术成熟可靠，但存在种子萌发率低和后代易发生性状分离等问题。

无性繁殖是指不涉及生殖融合，直接形成新个体的繁殖方式。无性繁殖在生物界中也较普遍，有分裂繁殖、出芽繁殖、营养体繁殖等多种形式。万代兰的无性繁殖方法主要有分株繁殖、扦插繁殖和组织培养繁殖3种。分株繁殖虽然操作简单，在短时间内可以获得开花株，但繁殖系数低，繁殖速度慢，一般仅作为家庭栽培常用的繁殖方法；组织培养繁殖系数高，繁殖速度快，是当今大规模工厂化生产普遍使用的一种繁殖方法。

一、有性繁殖

亦称种子繁殖。万代兰的有性繁殖是利用雌雄授粉而结出具有活力种子的果荚，然后用种子进行播种育苗的方法。此法可以繁殖较多新苗，市场上出现的各种新品种花卉，大部分是利用有性繁殖育种而来。万代兰的有性繁殖方法有以下2种：

1.自然播种法

万代兰种子细小如粉尘，数量极多，但由于微小的种子本身没有胚乳，在自然条件下，种子在萌发阶段完全依赖与菌根真菌共生获得养分，萌发率极低。在18世纪初无菌播种技术尚未出现前，欧美的育种家就采用此法进行播种。播种前在花盆里铺上一层切碎的水苔，将种子播撒在水苔上。自然播种法无需复杂的程序和工具，但万代兰种子极其细微，肉眼不易看到，加上萌发时间较长，容易在养护过程中因一时的疏忽将种子冲掉或损坏，此法成功机会甚微，即便成功了，出苗的数量也非常少，所以在生产上极少应用。

2.无菌播种法

无菌播种是利用组织培养的方法，为万代兰种子提供最优的营养、光照、温度和湿度等条件，以促使种子顺利萌发。无菌播种一般在超净工作台上进行，在操作前准备好所有必需的药剂和工具，用刀片将洗净消毒好的果荚切开，把粉末状的种子撒播于培养基上。无菌播种方法对播种条件、操作人员有一定的要求，但是种子萌发率高，能在短期内获得大量种苗，适合新品种培育和规模化生产。

二、无性繁殖

无性繁殖主要包括分株繁殖、扦插繁殖和组织培养。分株繁殖和扦插繁殖这两种方法速度较慢，难以获得大量种苗，而且经长期多代无性系分株繁殖，带病毒植株会逐年增多，导致品种退化。组织培养繁殖具有数量大、繁殖快和幼苗品种纯的优点，理论上，利用组织培养方法繁育种苗，一年内可将单一母株扩繁至10万株种苗的规模。

1.分株繁殖

万代兰植株在生长过程中，茎节上的生长点会萌出幼芽，当幼芽的气生根长至5厘米时，即可进行分株；如不分株，则表现出明显的丛生状态。一般而言，分株宜在万代兰生长旺盛的晚春和夏季进行，尽可能避开干燥且气温逐渐降低的秋季，尤其是寒冷的冬季。分株时，用消毒后的刀片在新植株的基部平切，将新植株与母株分开，并用植物伤口愈合剂涂抹于切口，避免病菌感染。利用分株方法获得的万代兰种苗适应能力强，生长快，通常当年就能开花。

具多个分株苗的单丛万代兰

2.扦插繁殖

万代兰主要采用茎段扦插，母株茎节处的生长点有潜在萌出新芽并长成新植株的能力，茎段扦插就是利用这种能力获得新植株。茎段扦插宜在初夏时节进行。用消毒后的刀片将母株的茎秆切成段，每段保留2～3个节，茎段的两端用植物伤口愈合剂进行涂抹，放置于阴凉通风处，待愈合剂干硬。将茎段放置于椰糠、树皮或水苔等介质上，保持温度25～30℃，空气湿度70%～80%，约35天即可长出新芽；新芽长大后会在基部抽出根须，成为新的植株，新植株会在2年后正常开花。

3.组织培养

(1) 外植体的选择与灭菌

理论上讲，万代兰的各个器官，包括根、茎、叶、芽、花序、幼胚等都可以作为外植体进行培养，长成新的植株。但根和茎作为外植体难以彻底消毒，污染率较高；叶与花序作为外植体时需通过再分化才能形成芽，再分化的过程容易产生变异，导致幼胚存在与母株性状不一致的情况；刚长出的新芽，不仅具有旺盛的生长点，还因病菌较少而容易做到彻底灭菌，污染率低，能够稳定保持母本性状，是万代兰用于组织培养的理想材料。

选取长度为6厘米左右的新芽，采芽前数日停止浇水，保持新芽表面干爽，可减少菌类污染。将新芽切离母株后，先用饱和洗衣粉水浸泡20分钟，再用流动自来水冲洗20分钟，在超净工作台上剥除最外层叶鞘，在75%的酒精中蘸1～2秒，立即置于0.1%的升汞溶液中浸泡10分钟，稍加摇动。取出后立即用无菌水冲洗，然后再剥去一层叶鞘，继续浸泡于0.1%的升汞溶液中5分钟，取出后用无菌水冲洗3遍，剥去外层叶鞘，留下最后芽体，接入已准备好的诱导培养基中（MS＋6-BA 1.0毫克/升＋椰汁50毫升/升＋白糖30克/升＋琼脂4.2克/升，pH 5.5～5.8）。

培养室温度控制在23～27℃，光照强度控制在2 400～3 200勒克斯，光周期10～12小时。50天后，芽体开始萌动生长。

(2) 继代培养

把初代培养所获得的培养材料，转入增殖培养基上，诱导丛芽增殖，称为继代培养。当万代兰芽体经过60～90天诱导培养后，主芽长出新的叶片，有伸长的茎，茎节比较明显，即可进行继代增殖培养。

在超净工作台内，将无污染的母瓶打开，取出万代兰幼芽，切去叶片和顶芽，切成0.5～1.0厘米长、带1～2个芽点的茎段，接入增殖培养基中（MS＋6-BA 3.0毫克/升＋Ad 5毫

万代兰的继代培养

克/升＋IBA 1.5毫克/升＋花宝1号1克/升＋善存0.25克/升＋椰汁100毫升/升＋白糖30克/升＋琼脂4.2克/升，pH 5.5～5.8）。经过60天的继代培养后，主芽伸长长出2～3片叶，底部可萌出2～3个小芽时，可按上述方法进行第2次继代培养，此后每隔60天可继代繁殖一代。继代培养的后代呈几何级数量增加，可以在短期内繁育出相当数量的无菌芽。

培养室温度控制在23～27℃，光照强度控制在2 400～3 200勒克斯，光周期10～12小时。

（3）壮苗培养

当繁育出一定规模数量的无菌芽后，将小芽转入壮苗培养基，使之继续健壮生长，这一过程称为壮苗培养。从继代苗中切取2～4厘米的单个芽苗，不切叶片，不打顶，接种于壮苗培养基中（MS＋6-BA 1毫克/升＋香蕉80克/升＋白砂糖30克/升＋琼脂4.2克/升，pH 5.5～5.8）。小芽开始长高，长叶，变壮。

培养室温度控制在23～27℃，光照强度控制在2 400～3 200勒克斯，光周期10～12小时。

（4）生根培养

从壮苗培养中选取4～6厘米的芽苗，不切叶片，不打顶，接种到生根培养基中（1/2 MS＋NAA 0.5毫克/升＋香蕉50克/升＋白砂糖25克/升＋琼脂4.2克/升，pH 5.5～5.8）。培养条件同上。

经过90天左右的生长，植株长出叶片3～4片，根须2～4条，植株生长旺盛，达到组培苗的出瓶标准。此时可以出瓶炼苗移栽。

万代兰的组培瓶苗

■ 第二节　杂交育种

兰花育种主要有传统育种和现代生物育种两种方式，其中，传统育种包括选择育种（野生资源驯化筛选、品种变异）和杂交育种；现代生物育种包括诱变育种（自然诱变、物理方法诱变、化学试剂诱变、太空育种）、倍性育种、体细胞无性系变异、分子育种等。目前，我国兰花新品种的选育仍以传统育种方式为主（朱根发等，2020；陈心启和罗毅波，2001）

中国的万代兰育种研究起步较晚，育种方式主要是传统育种方式中的杂交育种。因此，本章重点阐述万代兰的杂交育种方法。

万代兰是杂交亲和性较高的类群，同属内种间杂交、跨属种间杂交都可以获得子代。因此，市场上除了大量的同属万代兰杂交品种外，还有大量万代兰与火焰兰、指甲兰、蝴蝶兰等跨属杂交获得的优异品种，深受人们喜爱。

开展万代兰杂交育种的操作方式与步骤如下：

一、亲本植株选择

根据育种目标，选择目标如株型、花型、花色等优良品系作为亲本，且要求亲本植株长势良好、株型健壮、无病虫害。

二、杂交授粉

1.杂交前准备

牙签或镊子、纸片、离心管、标签、吊签、小网袋、笔、记录本等。

2.杂交时间

亲本花朵半开至开放10天内，是取花药及柱头授粉最佳时段；一般全天都可进行人工授粉，但以上午10时左右授粉为佳。

3.花粉获取

选取发育完全、无畸形的花朵，利用干净的牙签小心撬开柱头药帽后，将牙签先端触碰花粉块粘柄，当粘柄与牙签粘合后，轻轻抽回牙签，花粉块将随着粘柄一起粘连于牙签上被取出。将粘柄及花粉块放置于干净的纸片上，左右手各执一支牙签将花粉块与粘柄分离，备用；纸片上标记对应植株名称、编号及日期等。

4.花粉保存

采集的花粉，可即时进行授粉；如计划2天内使用完，可用纸片包好花粉团，装入密封袋，放至冰箱保鲜层保存，使用时取出即可；如长时间未使用，可将花粉块放入干净的离心管，贴上标注有植株编号、物种名、采集日期、花粉块数量等信息的标签，放入冰箱冷冻层（－10℃）中低温保存，尽量在30天内使用。

5.母本花朵选择

在亲本花朵半开至开放10天内，选择品种特征明显、完整无畸形、无病虫害、柱头腔干净正常的花朵进行授粉。

6.授粉方法

去除母本的花粉块后，以干净的牙签尖端蘸母本花柱头凹洞表面上的黏液，然后将父本的花粉块粘起，将花粉块送入母本花朵的柱头腔内，固定。授粉后的花朵套上小网袋，挂上吊签，记录杂交亲本组合、杂交日期等；一般单株花序以授粉2～3个花朵为宜。

三、授粉后管理

植株授粉3天内不宜喷施农药和对授粉花朵浇水，花朵在授粉成功后3天左右就枯萎褪色。在确定花朵授粉成功后，可剪除后面的花序轴，之后加强水肥和病虫害管理。

四、果荚采收及保存

1.采收标准

授粉后180～210天，果荚内种子相互分离，处于刚成熟且果荚尚未开裂的阶段，此时采摘，便于果荚表皮灭菌与播种。如采摘过早，未完全成熟的种子粘连在一起，不利于播种，且发芽时间长，生长弱。如采摘过迟，果荚开裂；果荚开裂后，果荚内粉末状种子灭菌较为困难，容易发生污染，且灭菌后种子发芽力降低。

2. 采收

用酒精消毒后的剪刀将果荚柄剪断，把果荚放入干净的自封袋内，并贴上标注有果荚编号的标签，在果荚采集本上记录其亲本植株编号、亲本名称、花粉采集日期、授粉日期及果荚采摘日期等相关信息。

3. 保存

果荚成熟后宜即采即播，如果一时无法播种，可以用封口袋装好放入冰箱冷藏室（4℃）中保存，但时间不宜过久（30天内完成播种为宜），否则容易长霉或降低发芽率。

五、无菌播种

1. 果荚预处理

用软毛刷将果荚表面刷洗干净后，置于饱和洗衣粉水中浸泡20分钟，期间不断摇晃，然后置于流水下冲洗30分钟。

2. 果荚灭菌

果荚灭菌在超净工作台内进行：用75%酒精棉球擦拭果荚表面，接着用0.1%升汞浸泡20分钟，用无菌水冲洗4次，最后用无菌滤纸吸干果荚表面水分。

3. 播种

将果荚放置于灭菌碟上，用解剖刀剖开果荚，用镊子取出种子，将其均匀地撒播在萌发诱导培养基上，萌发诱导培养基配方：1/2MS + 6-BA 1 毫克/升 + NAA 0.1 毫克/升 + 香蕉50 克/升 + 白砂糖30克/升 + 琼脂4.2克/升，pH5.5 ～ 5.8。培养室温度23 ～ 27℃，光照强度2 400 ～ 3 200勒克斯，光周期12小时。一般60天左右种子可萌发。

4. 壮苗培养

当小苗长出叶片后，即可将成簇小苗分离成单株，接入壮苗培养基中，壮苗培养基配方：MS + 6-BA 1毫克/升 + 香蕉80克/升 + 白砂糖30克/升 + 琼脂4.2克/升，pH5.5 ～ 5.8。培养室温度23 ～ 27℃，光照强度2 400 ～ 3 200勒克斯，光周期12小时。

5. 生根培养

当小苗长出3 ～ 4片叶子后，即可将小苗接入生根培养基中，生根培养基配方：1/2MS + NAA 0.5毫 克/升 + 香 蕉50克/升 + 白 砂 糖25克/升 + 琼脂4.2克/升，pH 5.5 ～ 5.8。培养室温度和培养条件同壮苗培养。当单株小苗长出4 ～ 5片叶、2 ～ 3条根时，即可拿出炼苗移栽。

■ 第三节　万代兰杂交品种赏析

⊢ *Aeridovanda* 'Happiness' ⊣

中小型植株。总状花序，每花序具
8～15朵花，花朵中型，浅紫红色，唇瓣
深紫色，有浓香。花期3—5月。

────┤ *Aeridovanda* 'Shalala' ├────

　　小型植株。总状花序，每花序具5～8朵花，花朵小型，棕黄色，唇瓣粉色，有淡香。花期3—5月。

─┤ *Aeridovanda* 'Small Pink' ├─

中小型植株，茎基部易萌蘖侧芽而成丛生长。总状花序，每花序上具15 ～ 30朵花，花朵小型，粉红色，有淡香。花期3—5月。

Aeridovanda 'Tzeng-Wen Happy'

中小型植株，茎通常弯曲。总状花序，每花序具
8 ~ 15朵花，花朵小型，黄绿色，边缘点缀玫红色，有
浓香。花期5—6月。

Ascocenda 'Suksamran'

中型植株。总状花序，每花序具20朵以上花，花朵中小型，橙黄色。花期9—11月。

Papilionanda 'Binguo'

中小型植株。总状花序，每花序具5～10朵花，花朵中小型，棕红色，唇瓣先端棕红色，中部以下黄色，有淡香。花期4—6月。

Papilionanda 'Dancing Butterfly'

中小型植株。总状花序，每花序具6～10朵花，花朵中小型，
深棕红色，唇瓣深棕红色夹杂金黄色，有淡香。花期4—6月。

Papilionanda 'Hetty Henderson'

中小型植株。叶片硬而细长；总状花序，每花序具6～15朵花，花朵中型，淡粉紫色，唇瓣紫色，有淡香。花期4—6月。

Papilionanda 'Warm Kiss'

中型植株。总状花序，总花梗长30厘米以上，每花序具10～20朵花，花朵中型，红色，有淡香。全年可开花。

Renantanda 'Christie Low'

中型植株。植株通常具1～2个花序，每花序具20朵以上花，花朵中小型，红色，花萼、花瓣蜡质。花期4—6月。

Vandachostylis 'Lou Sneary'

　　小型植株，茎基部易萌蘖侧芽而成丛生长。每花序通常具10～15朵花，花朵小型，白色，花瓣、花萼及唇瓣的先端点缀有浅紫色，有淡香。花期9—11月。

Vanda 'Green Light'

小型植株。总状花序，每花序具
10 ～ 18朵花，花朵小型，绿色，唇瓣
先端白色。花期5—8月。

─────────────┤ *Vanda* 'Green Violin' ├─────────────

中小型植株。植株通常具1～3个花序，每花序上有10～
15朵花，花朵小型，花萼、花瓣呈浅栗色，唇瓣绿色，具令人
愉悦的奶油香味。花期3—5月。

──────┤ *Vanda* 'Iced Coffee' ├──────

小型植株。总状花序，每花序具8～15朵花，花朵小型，圆润饱满，栗色，唇瓣褐绿色，有淡香。花期3—5月。

Vanda 'Jakkit Gold'

中大型植株。总状花序，每花序上有8～12朵花，
花朵中型，圆润饱满，浅绿色。花期9—11月。

$Vanda$ 'Kaputrana'

中小型植株。总状花序，每花序上有 8 ～ 15 朵花，花朵中小型，上萼片中上部分呈棕色，中下部分为黄绿色；花瓣上半部分黄绿色，下半部分稍微带有棕色；下萼片及唇瓣为棕色，具淡香。花期 3—5 月。

―――――| *Vanda* 'Kriangchai Brownei' |―――――

大型植株。总状花序，每花序上有10 ~ 20朵花，花朵大型，
圆润饱满，深红色，花萼、花瓣高度蜡质。花期3—5月、9—11月。

$\vdash$ *Vanda* 'Linya' $\dashv$

中大型植株。总状花序，每花序上有6～15朵花，花朵中型，紫色，花萼、花瓣上具网格。花期4—6月。

Vanda 'Majic Fanay'

　　大型植株。总状花序，每花序上有10～15朵花，花朵大型，圆润饱满，暗红色，花萼、花瓣高度蜡质。花期3—5月、9—11月。

—| *Vanda* 'Memoria Katherine McCartney' |—

　　大型植株。总状花序，每花序上有10～15朵花，花朵大型，圆润饱满，深红色，花萼、花瓣高度蜡质。花期3—5月、9—11月。

────┤ *Vanda* 'Noppadon Delight' ├────

大型植株。总状花序，每花序上有8～12朵花，花朵大型，圆润饱满，红色，花萼、花瓣偏蜡质。花期3—5月、9—11月。

Vanda 'Pachara Blue'

大型植株。总状花序，每花序上有8～15朵花，花朵大型，圆润饱满，紫色，花萼、花瓣偏蜡质。花期3—5月。

Vanda 'Pakchong Blue'

大型植株。总状花序，每花序上有8～15朵花，花朵大型，圆润饱满，花朵紫色，花萼、花瓣偏蜡质。花期3—5月、9—11月。

┤ *Vanda* 'Pakchong Smile' ├

　　大型植株。总状花序，每花序上有12～20朵花，花朵中型，圆润饱满，深紫色，花萼、花瓣高度蜡质。花期3—5月。

Vanda 'Pat Delight'

　　大型植株。总状花序，每花序上有6～12朵花，花朵大型，圆润饱满，红色，花萼、花瓣高度蜡质。花期3—5月、9—11月。

Vanda Pure's Wax 'Blue'

大型植株。总状花序，每花序上有8～15朵花，花朵大型，圆润饱满，紫色，花萼、花瓣高度蜡质。花期3—5月、9—11月。

Vanda Pure's Wax 'Pink'

　　大型植株。总状花序，每花序上有8～15朵花，花朵大型，圆润饱满，红色，花萼、花瓣偏蜡质。花期3—5月、9—11月。

Vanda 'Rothschildiana'

大型植株。总状花序，每花序上有8 ～ 15朵花，花朵中大型，圆润饱满，紫色，花萼、花瓣偏蜡质。花期3—5月、9—11月。

Vanda 'Star Dust'

大型植株。总状花序，每花序上有8～12朵排列紧凑的花，花朵中大型，圆润饱满，金黄色，花萼、花瓣偏蜡质。花期6—8月。

Vanda 'Suksamran'

中型植株。总状花序，每花序上有20朵以上花，花朵中型，圆润饱满，金黄色。花期5—8月。

Vanda 'Tokyo Blue'

大型植株。总状花序，每花序上有8～15朵花，花朵中型，紫色，花萼、花瓣具网格状纹路。花期3—5月。

—| *Vanda* 'Triumphant Return' **|—**

大型植株。总状花序，每花序具 8 ～ 15 朵花，花朵大型，圆润饱满，上萼片及花瓣粉色点缀有深红色斑点，下萼片及唇瓣深红色，无香。花期 3—5 月。

Vanda 'White with Green'

大型植株。总状花序，每花序上有6～10朵花，花朵大型，圆润饱满，上萼片、花瓣呈白色，侧萼片为绿色。花期9—11月。

Vanda 'Yano Blue'

大型植株。总状花序，每花序上有5～10朵花，花朵大型，紫色，花萼、花瓣偏蜡质。花期3—5月、9—11月。

Vanda ampullaceum ×*Vanda garayi*

小型植株。总状花序，每花序上有多数花，花朵小型，橙红色，有淡香。花期3—5月。

—— *Vandachostylis* 'Pine Rivers' × *Aerides lawrenceae* ——

大型植株。总状花序，每花序上有15朵以上花，花朵中小型，圆润饱满，橙黄色，花萼、花瓣高度蜡质。花期5—8月。

万代兰

———| *Vanda* 'Chulee'×*Vanda* 'Pakchone Blue' |———

　　大型植株。总状花序，每花序上有8～15朵花，花朵大型，圆润饱满，紫色，花萼、花瓣偏蜡质。花期3—5月、9—11月。

Vanda coerulescens × Vanda ampullaceum

　　小型植株。总状花序，每花序上有多数花，花朵小型，花萼、花瓣粉红色，唇瓣橙红色，有淡香。花期3—5月。

Vanda falcata ×*Vanda mariae*

小型植株。总状花序，每花序上有5～12朵花，花朵小型，朱红色，有淡香。花期4—6月。

Vanda 'Josephine' × *Aerides* 'Flabellata'

中型植株。总状花序，每花序上有6～12朵花，花朵中小型，橙红色，花萼、花瓣蜡质。花期5—8月。

第四章　万代兰的栽培及管理

万代兰的人工栽培历史至今已有200多年，在热带地区的植物园、公园、庭院、露地或温室中栽培极为普遍。我国从20世纪80年代引进栽培，目前以海南、广东、台湾为主要栽培地区。

万代兰喜高温、高湿和阳光充足的环境。冬季最低温度可保持20℃以上的温暖地区，可露地栽培，如我国海南南部、泰国和越南大部分地区等；冬季冷凉地区，需在温室保护地栽培，或露地与保护地相结合栽培，即温暖季节露地栽培，寒凉季节覆膜或移进温室的保护地栽培。

万代兰虽喜湿，但又要求根际透气性佳，因而栽种时宜用透水透气好的植料，或无植料栽培；在冬季，如空气湿度大或植株（尤其是心叶）残留有水珠过夜，容易引起烂苗烂根，严重的可导致植株腐烂死亡。

万代兰比常见的地生兰更为喜光，在夏、秋高温季节，即使温度在30℃以上也只需遮去阳光的30%～40%；冬季则可在晴天中午遮光或不遮光；如遇阴雨连绵季节，可适当补光，以促进植株正常生长。

肥料对万代兰的生长十分重要，生长期缺肥则生长显著减慢，植株生长纤细，抽梗少，花梗短而花苞少。万代兰施肥遵循"薄肥勤施"原则，小苗、中苗期以氮、磷肥为主，大苗期以磷、钾肥为主。因万代兰栽培植料（或无植料）透水性太强，存不住水肥，故多以喷施根、叶方式进行养料补给；也可通过玉肥盒装入缓释肥插在花盆内，或用网袋装入缓释肥挂在万代兰根系附近，增补养料。

万代兰植株强健，其栽培管理较一般的兰花更为粗放、简易，是目前栽培最多的热带兰之一。其大规模的栽培以切花生产为主，盆花生产相对较少；栽培方法有框栽、盆栽和板栽等。其种苗可通过组织培养、分株或扦插获得；规模化生产所需的种苗以组培苗为主。

■ 第一节　切花万代兰栽培

目前我国万代兰的切花生产主要集中在海南与台湾，产品以外销为主。万代兰的切花生产以长花序为目的，多选用大花、多花的杂交品种，生产用的种苗常为组培苗。其栽培技术主要有以下几个方面：

一、瓶苗移栽

1.苗圃选择
选择具有可控温、调湿、遮阳、通风的设施大棚为佳。

2.炼苗
当万代兰组培苗在瓶（袋）内单茎轴明显，具叶3～4片、根2～4条以上时，即可移至炼苗室炼苗。目前常见的炼苗方法有两种：

方法一：用消毒后的薄膜纸将瓶口封住，并移至炼苗室进行炼苗；炼苗时将瓶苗排放整齐，每排间隙约5cm，以便植株采光。炼苗室保持温度在20～28℃，光照强度10 000～15 000勒克斯，环境干净整洁，通风良好；20天后，可出瓶移栽。如有条件，在炼苗室炼苗后，再放置大棚待栽种的区域或苗床上炼苗2～7天，使其适应棚室环境，成活率更高。

方法二：把瓶苗移至种植区，将干净的镊子伸入瓶内，轻轻提拉出植株，用清水洗去根系附着的培养基及枯黄叶等，再放入75%百菌清或多菌灵可湿性粉剂800～1 000倍液中，浸泡约30分钟，然后捞出竖直摆放在苗托或苗床上。之后间隔2～3天浇透水1次；间隔5～7天，叶面依次喷施氮、磷、钾比例为20∶20∶20、15∶15∶15、30∶10∶10的兰花专用肥1 500～2 000倍液1次；间隔7～10天，喷施2%春雷霉素水剂600～800倍液或75%百菌清可湿性粉剂800～1 000倍液或其他杀菌剂1次；农药交替使用。其间，炼苗区域的光照强度控制在10 000勒克斯以下，温度控制在25～30℃，空气相对湿度控制在70%～90%。此方法炼苗30天后，移栽上盘，进入小苗期的日常管理。

3.栽培容器与基质

选择直径3厘米的透明塑料软盆、规格60厘米×40厘米的45/50孔育苗盘或49厘米×28厘米的4槽育苗盘作为栽培容器。栽培基质可选用透气性好的材料，如水苔、椰粒、碎树皮等；生产上多选用质地松软、吸水性好的优质水苔。水苔在使用前，需浸泡6～12小时，必要时中途浸洗换水1次，剔除杂物，然后脱水备用。

4.出瓶（此为方法一炼苗后的步骤，用方法二炼苗则略去此步骤）

万代兰组培苗在华南地区全年可栽种，以4—10月栽种为佳。组培苗炼苗后出瓶时，用干净的镊子轻轻提拉出植株，并除去多余的培养基或枯叶，然后按植株大小分类，均

万代兰组培苗刚出瓶时的状态

匀铺放在苗托或苗床上；如需清洗，可用流动水洗去根系附着的培养基或枯黄叶等；植株可叠加铺放但不宜叠加太多，以免引起烂苗。盛苗的托盘放置于荫凉处或在苗床上方遮阴，待根系略变白变软，即可移栽。有些生产商会将清洗后的种苗放入消毒药液中消毒15～30分钟，如75%百菌清或多菌灵可湿性粉剂800～1 000倍液；然后捞出沥去多余的药液，再铺放在苗托或苗床上，待根系略变白变软后，再移栽。

5.移栽

用适量的水苔包裹小苗的根系（根系自然舒展）和茎基部，轻轻挤压进软杯或孔穴等容器内，使小苗居中直立。定植时，尽量避免植株受损；容器内水苔不松不紧，结实有弹性，且略低于沿口；以小苗直立不倒为参考，尽可能地浅植。

水苔裹根穴盘栽培的万代兰组培苗

6.日常管理

移栽当天，喷施2%春雷霉素水剂600～800倍液或75%百菌清可湿性粉剂800～1 000倍液，预防病害发生，之后进入日常管理。

（1）环境管理

保持大棚干净整洁，通风透气。移栽14天内，大棚光照强度控制在10 000勒克斯以下，温度控制在25～30℃，空气相对湿度控制在70%～90%；移栽15天后，大棚的光照、温度、湿度略为调整，其光照强度控制在15 000勒克斯以下，温度控制在

20 ～ 30℃，空气相对湿度控制在70% ～ 85%。

（2）水肥管理

移栽20 ～ 25天后，待盆中水苔较干时，即可浇透水一次，使水苔回归湿润状态；之后见干浇透水，且使盆内不积水。浇水夏、秋季在上午10：00前或下午5：00后完成，冬、春季在晴天中午进行，室温低于15℃时停止浇水。如使用喷淋，根据基质干湿度及空气相对湿度情况使用，单次喷淋时间控制在5分钟以内；在植株新根新芽生长的活跃时期和气温高的晴天，可适当增加喷淋水的次数；在雨季和冷凉的季节，应适当减少喷淋水的次数，以减少烂根烂苗及病害的发生。

移栽25 ～ 30天后，植株大部分具有新根，可喷施氮、磷、钾比例为20 ：20 ：20的兰花专用肥1 500 ～ 2 000倍液1次；之后间隔7 ～ 10天交替喷施氮、磷、钾比例为20 ：20 ：20、15 ：15 ：15、30 ：10 ：10的兰花专用肥1 000 ～ 1 500倍液1次；室温高于35℃或低于15℃时，停止喷肥。如遇盆中水苔较干时，可结合浇水一起进行浇灌。

（3）病虫害管理

小苗生长期虫害较少或无，病害主要有软腐病、疫病、叶斑病等。在瓶苗移栽后，建议每天巡检，发现病株病叶，及时清除销毁，适时进行化学防治。

二、中苗期管理

1.换盆

万代兰苗高10厘米左右或根系满盆（杯）时，可进行换盆（杯），进入中苗期管理。换盆时，用水苔包裹，或去除根系原基质后，用椰块、树皮等，种入口径7 ～ 12厘米的洋兰专用营养杯中。

待换盆（杯）的进入中苗期的穴盘苗

椰壳软杯栽培的中苗

水苔软杯栽培的中苗

换盆（杯）后的万代兰中苗生长状态

2.日常管理

中苗期大棚内的光照强度控制在18 000 ～ 20 000勒克斯，温度控制在20 ～ 35℃，空气相对湿度控制在60%～ 80%；肥水管理与小苗期相同。

三、大苗期管理

1.荫棚设置

万代兰大苗期管理在遮阴棚内进行。遮阴棚对地段没有特殊要求，但需取水方便，且避开风力较大的地方建设；简易的遮阴棚可用热镀锌钢管或结合水泥柱建造，顶部和四周用遮光率为70%左右的遮阴网遮挡即可。遮阴棚可以是露地，也可以为保护地，如露地栽培，在冬、春季温度低于15℃时，需覆盖薄膜保温或移入大棚内，避免冷害。

2.苗床设置

大苗期的万代兰以悬挂式栽培为主，因而需要做平棚架支撑悬挂。用热镀锌钢管材料做成的平棚架结实、耐用，在万代兰切花生产上应用最广。

生产上常见的万代兰栽培平棚架：高度180厘米，架上放置直径0.2厘米的热镀锌管设行；每4行设置1个过道，过道宽100厘米，行间距40厘米。

3.定植

去除根系原基质后，将苗固定在木框或塑料框中间，任其根系在木框周围伸展、盘绕，根系全部裸露在空气中；木框内可填充几块椰壳、树皮、木炭或树蕨块，或不填充基质。之后，用配套的挂钩悬挂在钢管上；悬挂高度以便于日常管理为宜，一般同一批植株悬挂高度一致；密度可根据植株大小挂放，以植株叶片不重叠或少部分重叠为宜。

如在中苗期时已使用此方法换盆，可忽略此步骤。

万代兰的切花生产苗圃

4. 日常管理

（1）环境管理

进入大苗期的万代兰，对温湿度要求不高，一般要求温度15℃以上，空气相对湿度50%以上即可。

定期清理棚内外杂草、杂物或掉落的枯黄病叶等，保持棚内干净整洁、通风透气。

（2）肥水管理

间隔1～2天喷淋水1～2次；间隔5～7天，交替喷施氮、磷、钾比例为20∶20∶20、15∶30∶15、15∶15∶30的兰花专用肥，或磷酸二氢钾800～1 000倍液1次；日常水、肥管理可结合进行。浇水夏、秋季在上午10:00前或下午5:00后完成，冬、春季在上午12:00前完成，室温低于15℃时停止喷淋水；在植株新根新芽生长的活跃时期、气温高或空气干燥的晴天，可适当增加喷淋水的次数；在雨季和冷凉的季节，应适当减少喷淋水的次数，以减少烂根烂苗及病害的发生。室温高于35℃或低于15℃时，停止喷肥。

进入中、大苗期的万代兰，其根系都较为粗壮、发达，且大部分或全部裸露在空气中，吸收空气中的水分和养料；可在与万代兰根系同高或略高处，插上玉肥盒或悬挂小网袋（盒或袋内装缓释性的颗粒复合肥），以辅助供给养料；悬挂密度可视情况而定。

四、花期管理

大苗管理18个月后，会从植株中部抽出1～3枝花序并开花。花期不施肥、不喷药；

为避免水浇到花瓣上，花期避免开顶喷淋；如需补充水分，喷施花序以下的部分或只喷淋根系即可。

万代兰在合适的条件下，全年都能开花，花期30～60天，部分品种花期可达90天；在桂南地区，群体花期在4—5月和9—10月，其他月份有零星开花。

五、采收包装

待花序上倒数第2朵或花全部开放后即可采收。用剪刀从花序基部将花序剪下，注意避免伤及周围的叶子；一般采收长20厘米以上的花序。

采收的花序插入装有营养液的试管中，3株为一捆，整理整齐后用塑料纸包好，装入透明塑料袋中，然后将塑料纸抽出；此方法适合长途运输销售。也有花序采收后无需处理，10株、20株、30株为

泰国花市销售的切花万代兰

一捆，直接销售；此方法多为原地或近地销售，多见于东南亚一些地区的花市。

万代兰鲜切花可用于瓶插或花艺设计，可保鲜30～45天。

六、采收后管理

植株花序采收后，可进行植株修剪整理。用消毒后的剪刀，从基部剪除植株受损的、衰老的、带病的根、叶和凋谢的花枝，以尽快恢复营养生长。之后喷80%代森锰锌可湿性粉剂400～600倍液1次进行防护，也可使用其他杀菌剂进行防护。

万代兰采花后的环境与肥水管理，与大苗期管理相同。

■ 第二节　盆花万代兰栽培

进入中苗期的万代兰，可根据市场需求选择不同生产方式。除了切花，盆花也开始逐渐走俏市场。万代兰的盆花，常见的有框栽、盆栽、板栽或直接悬挂等多种栽培方法，种植的基质多为树皮、椰粒（壳）和陶粒等透气、透水材料，也有少部分用水苔种植，或无基质栽培。

盆花生产的小苗期，与切花生产的小苗期管理相同；进入中苗期的万代兰，需尽快移栽，以促进其生长。

一、移栽

待盆内水苔略干时，轻轻取出小苗，剔除水苔，将苗定植在对应的栽培容器内。中苗移栽时，可根据市场需求，采用不同的栽培容器进行盆栽。

框栽：将苗固定在木框或塑料框中间，任其根系在木框周围伸展、盘绕，根系全部裸露在空气中；木框内可填充几块椰粒（壳）、树皮、木炭等，或不填充基质。框栽是万代兰切花生产常用的栽培方法，也可用在盆花生产上。

盆栽：先取出一块椰壳，将万代兰紧贴到椰壳上，再取出2～3块椰壳，将万代兰裹紧，放入花盆；或用树皮、碎砖、木炭、陶粒等物将万代兰苗栽植在多孔的花盆中；花盆可用洋兰专用盆，也可用带壁孔的塑料盆、红陶盆或瓦盆等。

板栽：将苗固定在带树皮的板块（种植板）或短木桩（段）中下部，任其根系在板块周围自由伸展。

直接悬挂：将万代兰基部的基质全部清除，固定在绳子、竹木条或铁丝上，直接悬挂于空中。

除了盆栽可放置苗床，框栽与板栽等则需悬挂起来；其棚架设计可参考切花生产的棚架。树皮、椰粒（壳）、陶粒等材料使用前需浸泡6～8小时。

万代兰框栽

万代兰盆栽

万代兰板栽

二、换盆

当植株较大、植料腐朽，或根系衰老后，可进行换盆；换盆时间一般在春季进行。万代兰根系粗壮、发达，吸附植料和盆壁比较紧，不易退盆。如用花盆栽种，则将旧花盆轻轻打碎或剪除，去除旧植料、腐根和衰老根，然后用新植料重新栽植。如用木框或塑料框栽植，则可在旧框外再套上一个较大的框，不久根系就可自然扩展出来。如用板栽，可剔除旧板块，换新板块种上；也可新旧板块绑在一起，待新根吸附新板后再除去旧板块。

栽培数年的万代兰植株，有的品种可以在茎基部产生侧芽。当侧芽叶片展开，新根具2～3条时，即可将其从母株上剪下来，单独种植成为新的植株。

三、日常管理

万代兰盆花日常管理，与切花大致相同。盆花销售相对较为灵活，可根据市场需求随时销售。

万代兰的盆花销售

四、盆花的应用

万代兰雍容华贵、硕大的、鲜艳的花朵，以及裸露垂吊在空气中线条优美的气生根，使其极具观赏性。其盆花可摆放、悬挂或攀缘在树木的茎干上，可作为家庭阳台、庭院、室内装饰花卉，或用于植物园、公园、休闲农业园等园林景观造景等。

万代兰模拟原生境栽培的园林景观造景

泰国曼谷素万那普国际机场室内的万代兰园林景观造景

■ 第三节　病虫害防控

　　万代兰常见的病害主要有炭疽病、黑斑病、叶斑病、锈病、软腐病、疫病等，常见的虫害主要有介壳虫、蚜虫、粉虱、蓟马、蛞蝓、蜗牛等。万代兰的病虫害防控，以预防为主。在栽种时，选用健壮的植株；在栽培养护过程中，需注意保持栽培场地干净卫生和通风良好，并及时清除病叶、枯叶、杂草、杂物和消杀病害虫等。日常保持最少3天巡视1次苗圃，以及时发现病虫害；日常管护中，可喷施50%硫黄悬浮剂800～1 000倍液，或29%石硫合剂水剂300～500倍液，或80%波尔多液可湿性粉剂600～800倍液等预防病虫害的发生，每10～15天喷1次。

一、病害防治

1.炭疽病

【症状】炭疽病是危害万代兰比较严重的病害，常发生在高温多雨的季节，棚内高温高湿会引发或加重病情的发展。发病初期在叶尖、叶缘产生淡黄绿色圆形小斑点，随后逐渐扩大增多，变成黑褐色病斑，后期病斑逐渐向叶面扩大，呈淡褐色至黑褐色云纹状斑纹。

【防控方法】加强棚内通风透气，降低空气湿度；一旦发现病叶，及时剪除。叶面喷施10%苯醚甲环唑水分散粒剂2 000 ～ 3 000倍液，或25%溴菌腈可湿性粉剂600 ～ 800倍液，或80%福·福锌可湿性粉剂600 ～ 800倍液，或50%咪鲜胺锰盐可湿性粉剂1 000 ～ 1 500倍液等进行防控；每7 ～ 10天喷1次，连喷2 ～ 3次。

2.黑斑病

【症状】黑斑病是万代兰栽培过程中比较常见的病害，在温度25℃以下、空气相对湿度较大时，发病严重。发病初期叶片表面出现褐色小点，逐渐扩大成圆形或不规则形暗黑色斑块，病斑周围有黄色晕圈；发病严重时病斑连成大黑斑，致使叶片枯黄而脱落。

【防控方法】日常管理中，除加强通风、降低空气湿度外，可用81.3%嘉赐铜可湿性粉剂750 ～ 1 000倍液，或43%硅唑·咪鲜胺水乳剂2 000 ～ 3 000倍液，或40%氟硅唑乳油800 ～ 1 000倍液，或25%吡唑醚菌酯悬浮剂800 ～ 1 000倍液等进行叶面喷施防治；每7 ～ 10天喷1次，连喷2 ～ 3次。

3.叶斑病

【症状】常发生于多雨季节，棚内空气相对湿度大会引发或加重病情。发病初期在叶尖或叶缘上出现半圆形、近圆形至不规则形的褐色、灰褐色至灰白色病斑，后期斑面散生灰色霉层。严重时会造成全株叶片脱落。

【防控方法】日常管理中，需注意加强通风、降低空气湿度，病害发生初期，可用81.3%嘉赐铜可湿性粉剂750 ～ 1 000倍液，或43%硅唑·咪鲜胺水乳剂2 000 ～ 3 000倍液，或40%氟硅唑乳油800 ～ 1 000倍液，或25%吡唑醚菌酯悬浮剂800 ～ 1 000倍液等进行叶面喷施防治；每7 ～ 10天喷1次，连喷2 ～ 3次。

4.锈病

【症状】常发生在春季低温高湿的环境，主要危害叶片，茎干和花偶有被危害。在叶片上典型的症状是形成锈褐色或黑色纵向条斑，与叶脉平行；症状可在叶面、叶背产生，或两面均有发生。发病严重时，病斑布满叶片，病斑脆裂，除极影响观赏性外，还会毁掉整张叶片。发病严重的植株生长受阻，植株衰弱，但少有死亡。

【防控方法】日常管理中，需注意加强通风，降低空气相对湿度，且阴雨天不浇水；盆花生产时，不宜悬挂太密；田间操作时，避免摩擦植株或叶片，以免造成伤口，引发病害；发现病叶时，及时剪除。在零星发病或病症轻时，对发病兰株整株喷药1 ～ 2次，并在病斑处涂抹药剂2 ～ 3次即可控制病情；如病情发展快，需及时全面喷药防治。药剂防治可用15%三唑酮可湿性粉剂1 000 ～ 2 000倍液，或50%硫黄悬浮剂300 ～ 500倍液，或12.5%烯唑醇可湿性粉剂3 000 ～ 4 000倍液，或45.5%苯甲·丙环唑乳剂5 000倍液等进行叶面喷洒；每7 ～ 10天喷1次，连喷2 ～ 3次。

5.软腐病

【症状】常发生在春季低温高湿的环境，幼苗期发病尤为严重。发病初期在叶先端出现水渍状绿色斑，然后扩展至单轴茎，致使植株全株腐烂，倒伏死亡。

【防控方法】在软腐病易发病季节，加强通风采光，降低空气相对湿度，且阴雨天不浇水；每10～15天，可用10%四环霉素2 000～3 000倍液，或25%络氨铜水剂500～600倍液等喷1次预防。易发病季节每日早上巡视苗圃一次，发现植株叶片有病斑马上剪除，并用10%四环霉素2 000～2 500倍液或75%百菌清可湿性粉剂600～800倍液涂抹伤口；如病斑发展到单茎轴或生长点，则应整株带盆隔离或丢弃，并尽量避免叶面喷水肥，改用盆面浇灌或根部喷淋。在发现第一株病株时，即可用81.3%嘉赐铜可湿性粉剂750～1 000倍液，或3%中生菌素水剂1 000～1 200倍液，或50%咪鲜胺锰盐可湿性粉剂4 000～6 000倍液，或20%噻菌铜悬浮剂300～500倍液等喷雾防治；每5～7天喷1次，连喷2～3次。

6.疫病

【症状】常发生在夏季高温多湿或通风透气差的温室中，幼苗期较易发病。主要危害叶片，偶见危害花蕾和花瓣；危害严重时会感染到叶茎基部腐烂，造成整株死亡。

【防控方法】加强棚室通风透气，适当降低空气相对湿度；盆花避免基质过度潮湿积水。发现植株叶片有病斑应马上剪除，如病斑发展到叶茎基部，则应整株带盆隔离或丢弃，以免传染。发现病株后，可选用500克/升异菌脲悬浮剂800～1 000倍液，或72.2%霜霉威盐酸盐水剂400～800倍液，或20%噻菌铜悬浮剂300～500倍液，或50%甲霜铜可湿性粉剂800～1 000倍液等喷雾防治；每5～7天喷1次，连喷2～3次。

二、虫害防治

棚室内可悬挂黄色、蓝色或白色粘虫板进行诱捕害虫，发现虫害及时防治。

1.介壳虫

【危害状】常年可发生危害，尤其是干热闷湿的棚室，虫害发生严重。介壳虫主要以雌成虫和若虫群集固着在万代兰嫩茎、嫩叶和嫩花梗上，刺吸汁液危害；同时分泌出

万代兰植株及茎叶被介壳虫危害、生长受到抑制

蜜露，引发煤污病，影响植株的光合作用和观赏性，并抑制植株生长；危害严重时，虫体密集重叠，被害株发育严重受阻，叶片或花梗畸形、黄化、枯萎脱落，甚至引起植株死亡。

【防控方法】平时注意保持棚室通风透气，发现虫害时，可用湿抹布抹去，并喷施化学药剂进行防治。可用22.4%螺虫乙酯悬浮剂4 000 ～ 5 000倍液，或25%噻嗪酮悬浮剂1 500 ～ 2 000倍液，或97%矿物油乳油200 ～ 300倍液，或50%硫黄悬浮剂800 ～ 1 000倍液等喷雾防治，注意叶片正背面及盆壁、苗床、地面等应彻底喷施。

2.蚜虫

【危害状】常年可发生危害，在16 ～ 22℃、干燥或植株密度过大的棚室，虫害发生严重。蚜虫主要以成蚜和若蚜群集固着在万代兰叶背、单茎轴生长点、花序、花蕾等部位，刺吸汁液危害，导致被害部位生长迟缓、扭曲、皱缩、畸形，甚至干枯、坏死脱落；其在危害过程中分泌大量蜜露，引发煤污病，影响植株的光合作用和观赏性，严重时会导致植株衰弱死亡。

【防控方法】发现少量蚜虫时，应及时用毛笔蘸去，同时用50%氟啶虫胺腈水分散粒剂15 000 ～ 20 000倍液，或0.5%苦参碱水剂1 000 ～ 1 500倍液，或10%吡虫啉可湿性粉剂1 000 ～ 2 000倍液，或2.5%溴氰菊酯乳油2 000 ～ 3 000倍液等喷施。蚜虫对黄色有强烈趋性，可悬挂黄色粘虫板进行诱捕。

3.粉虱

【危害状】常年可发生危害，在夏、秋季通风不良的温室内发生尤为严重，其世代重叠，繁殖能力很强。粉虱主要以成虫和若虫聚集在万代兰嫩叶背面刺吸汁液危害，致使叶片褪绿变黄、萎蔫甚至枯死；其在危害过程中分泌大量蜜露，引发煤污病，影响植株的光合作用和观赏性，严重时会导致植株衰弱死亡。

【防控方法】可在棚室内悬挂黄色粘虫板诱杀；虫害发生时，需多次用药才能有效防治。发现虫害时，立即用25%噻虫嗪水分散粒剂3 000 ～ 5 000倍液，或3%啶虫脒乳油1 500 ～ 2 000倍液，或0.5%苦参碱水剂1 000 ～ 1 500倍液，或80%烯啶·吡蚜酮水分散粒剂6 000 ～ 8 000倍液等喷杀，如结合使用15%异丙威烟剂进行熏杀，防治效果更好。

4.蓟马

【危害状】蓟马世代重叠，繁殖能力强，成虫活跃、能飞善跳，怕光，对蓝色敏感。常年可发生危害，温暖干旱条件下易发，桂南地区春、秋季为高峰期。蓟马成虫忌强光，多在阴天、早晨、傍晚和夜间活动。其以成虫和若虫锉吸万代兰嫩叶、花蕾、花瓣汁液危害，导致叶片受害部

万代兰花朵被蓟马危害，花朵边缘出现白斑并卷褶

位出现褪绿斑点，影响植株光合作用和观赏性；受害的花蕾出现白斑或畸形，使其开花不完整或脱落；受害的花朵出现白斑或卷褶，严重影响其观赏性。

【防控方法】可在棚室内悬挂蓝色粘虫板诱杀，发现虫害时，立即用3%啶虫脒乳油1 500 ～ 2 000倍液，或22%噻虫·高氯氟悬浮剂10 000 ～ 12 000倍液，或5%甲氨基阿维菌素苯甲酸盐乳油4 000 ～ 6 000倍液，在傍晚或光照不强时喷药，结合使用15%异丙威烟剂熏杀，防控效果更为显著。

万代兰花蕾被蓟马危害，引起花蕾脱落、花朵畸形

5. 蛞蝓、蜗牛

【危害状】蛞蝓、蜗牛忌强光，白天躲藏在阴暗潮湿的缝隙或隐蔽处，傍晚开始活动；如啃食嫩根、嫩茎、嫩芽，导致生长点坏死或幼苗死亡；如啃咬嫩叶、花蕾，使其表面产生孔洞或锯齿状缺损，影响万代兰的观赏性和商品性。在万代兰花蕾期，尤喜啃食花柄，使植株缺花缺蕾；其爬行过的地方，如茎、叶、花等，还会残留光亮的透明黏液带，影响植株正常生长，严重影响植株的观赏性与商品价值。

【防控方法】在日常管理过程中，应及时清除地面杂草和落叶，棚室内特别是苗床下避免长期积水。雨季时节，在棚室周围撒石灰粉防止蛞蝓、蜗牛进入；多巡视苗圃，如发现蛞蝓或蜗牛，立即人工捕杀消灭，并用50%杀螺胺乙醇胺盐悬浮剂500 ～ 600倍液喷施植株，再在盆花基质及地面蛞蝓、蜗牛活动处撒施6%四聚乙醛颗粒剂进行防控。

参考文献

邓杰玲, 黄昌艳, 崔学强, 等, 2020. 中国万代兰属(兰科)一新记录种——双色万代兰[J]. 广西植物, 40(20): 282-284.

陈心启, 罗毅波, 2001. 中国兰科植物研究的回顾和前瞻[J]. 植物学报, 22(2): 35-41.

程式军, 唐振缢, 1986. 我国万带兰属植物[J]. 云南植物研究, 8(2): 213-221.

广西壮族自治区中国科学院广西植物研究所, 2016. 广西植物志: 第5卷[M]. 南宁: 广西科学技术出版社.

吉占和, 陈心启, 罗毅波, 等, 1999. 中国植物志: 第19卷[M]. 北京: 科学出版社.

蒙辉武, 杨云, 1991. 海南野生兰的人工驯化栽培研究[J]. 海南大学学报(自然科学版), 9(4): 13-21.

念松华, 和凤美, 蒋宏, 2023. 长瓣万代兰——中国万代兰属(兰科)一新记录种[J]. 西部林业科学, 52(6):128-131.

覃海宁, 刘演, 2010. 广西植物名录[M]. 北京: 科学出版社.

朱根发, 杨凤玺, 吕复兵, 等, 2020. 兰花育种及产业化技术研究进展[J]. 广东农业科学, 47(11): 218-225.

Cakova Veronika, Urbain Aurelie, Le Quemener Celine, et al., 2015. Purification of vandaterosides from *Vanda teres* (Orchidaceae) by stepwise gradient centrifugal partition chromatography[J]. J. Sep. Sci. 38, 3006-3013.

Gardiner, Lauren M., Kocyan, et al., 2013. Molecular phylogenetics of *Vanda* and related genera (Orchidaceae)[J]. Botanical Journal of the Linnean Society, 173(4): 549-572.

Lim Sawhoon, Teng Priscilla Chyepeng, Lee Yewhwa, et al., 1999. RAPD analysis of some species in the genus *Vanda* (Orchidaceae) [J]. Annals of Botany (2): 193–196.

Tawatchai Tanee, Piyawadee Chadmuk, Runglawan Sudmoon, et al., 2012. Genetic analysis for identification, genomic template stability in hybrids and barcodes of the *Vanda* species (Orchidaceae) of Thailand[J]. African Journal of Biotechnology, 11(55):11772-11781.

Zhang Guoqiang, Liu Kewei, Chen Lijun, et al., 2013. A new molecular phylogeny and a new genus, *Pendulorchis*, of the *Aerides–Vanda alliance* (Orchidaceae: Epidendroideae)[J]. Plos One, 8(8): e60097.

中文名索引

拉丁名索引

图书在版编目（CIP）数据

万代兰 / 张自斌等著. -- 北京 ：中国农业出版社，
2025. 7. -- ISBN 978-7-109-33257-7

Ⅰ. S682. 31

中国国家版本馆CIP数据核字第2025ZU8619号

中国农业出版社出版

地址：北京市朝阳区麦子店街18号楼

邮编：100125

责任编辑：任安琦　郭晨茜

版式设计：杨　婧　任安琦　　责任校对：吴丽婷　　责任印制：王　宏

印刷：北京中科印刷有限公司

版次：2025 年 7 月第 1 版

印次：2025 年 7 月北京第 1 次印刷

发行：新华书店北京发行所

开本：787mm×1092mm　1/16

印张：12

字数：270千字

定价：98.00 元
